你的人生赢过吗？哪怕只有一次

著

化学工业出版社
·北京·

图书在版编目（CIP）数据

你的人生赢过吗？哪怕只有一次 / 金正浩著.

北京 ： 化学工业出版社，2024. 9. -- ISBN 978-
7-122-45999-2

Ⅰ．B848.4-49

中国国家版本馆CIP数据核字第2024L79L96号

责任编辑：龚　娟　　　　　　　装帧设计：子鹏语衣
责任校对：李露洁

出版发行：化学工业出版社
　　　　　（北京市东城区青年湖南街13号　邮政编码100011）
印　　　装：三河市双峰印刷装订有限公司
880mm×1230mm　1/32　印张6½　字数128千字
2024年11月北京第1版第1次印刷

购书咨询：010-64518888　　　　售后服务：010-64518899
网　　址：http://www.cip.com.cn
凡购买本书，如有缺损质量问题，本社销售中心负责调换。

定　　价：48.00元　　　　　　　版权所有　违者必究

前言

"你赢过吗？"

"哪怕一次！"

如果你看过电影《热辣滚烫》，一定会对其中这句经典台词印象深刻。电影中的女主角乐莹在遭遇了各种挫折后，下定决心用拳击来改写自己的人生。其实，她真正挑战的不是外界的对手，而是自己过往糟糕的经历。

现实生活中，我们每个人都希望能够实现自己的目标，过上自己梦想的生活，成为自己想成为的人，但是这并不容易做到。如果成功真的轻而易举，那么这个世界就不会存在平庸之人，也没有失败者，只有在各个领域取得辉煌成就的人。

成功绝非一件易事。许多人在一生中可能都没有真正地品尝过成功的滋味，而是过着平凡的生活。他们只是对成功抱有一丝期望，却缺乏那份让自己走向成功的决心和毅力。

如果你问一个人为什么没有成功，会听到五花八门的回答：

"我可能不够聪明，也没什么学历。"
"我运气不太好，没有遇到过好的机遇。"
"我既要养娃，又要还贷，需要一份稳定的工作。"
"我年龄太大了，没精力折腾了。"
……

恕我直言，人们总是能找到各种理由来安慰自己"平凡可贵"，总是能为自己的不成功找到合理的解释，却很少去认真思考如何让自己成功。

你有没有想过：我的生活为什么是现在这样？我应该如何改变自己的现状？我如何在有限的生命中实现一次梦想中的成功？如果你真的不甘于现状，那么这些问题才是你真正应该深入思考的有意义的问题。

我们之所以身处此时此刻的境遇，成了我们现在的样子，都是因为我们过去所做的选择和决定——我们所选的专业、工作、合作的人、结婚的人、交往的人，以及我们所做的投资和我们时间的安排，等等。

如果在过去十年，你经常吃不健康的食物，那么今天的你，可能已经不幸患上了某些慢性疾病，如糖尿病、高血压等。

如果在过去十年，你有节约每一分钱的习惯，并掌握了投资的技巧，那么今天的你，可能已经拥有了一笔可观的财富。

无论是正面还是负面的结果，你今天所面对的，都是你过往选择和决定的累积效应。同样地，你今天的选择和决策，将塑造你未来的命运，勾勒出你未来的轮廓。所以，改变你人生的起点就是在当下做出新的选择和决定。

这需要我们摒弃那些错误的旧有选择和决策。换句话说，你必须舍弃旧的事物，投入到新的选择中，拥抱新的事物，这才是改变你人生的关键所在。

你需要重新规划人生，改变你的认知，远离你的舒适区，重建你的"朋友圈"，学会控制情绪。当然，最为关键的是，你要拿出纵身一跃的勇气，跨出决定性的第一步，这才是走向成功的必经之路。

如何让这些积极的转变发生在你的身上？我坚信这本书会给你答案。这本书将为你提供实用的"工具"，帮助你改变内在的自我认知，使你意识到，你的潜力远不止你过往展现的能力，这些潜力让你足以应对任何挑战，哪怕是那些令人望而生畏或不安的困难。

来吧，亲爱的朋友，你是否渴望在人生的舞台上赢一次？就从这本书开始吧，让它成为你走向成功的起点。

请坚信：未来属于你。

目录

第一章

你的人生赢过吗?
哪怕一次

从未赢过的人生，不觉得可惜吗？

在这个充满无限可能的世界里，每个人都渴望在人生的道路上取得胜利。胜利的定义多种多样，可以是获得事业的成功，拥有健康的身体，或是掌握一技之长，但其背后的本质相同——那就是勇敢地挑战自我，实现自己追求的梦想。

然而，**真正的问题是，你的人生赢过吗？哪怕只有一次！**

或许你会自信地回答，我当然赢过了，在小学时的一次考试中我发挥出色，取得了全班第一的成绩；或许你还会说，我曾经买过一段时间的彩票，虽然花了不少钱，但赢过一次小奖；你可能还会想到，青少年时期，在学校运动会上你赢得过某项比赛的冠军……

当然，这些让你感到光荣和快乐的胜利，的确是一种值得庆祝的"赢"。但这里要探讨的赢，是那种经过长期不懈的努力，最终实现了一个具有挑战性目标的胜利，这种胜利足以改变你的人生轨迹。

比如，你开创了自己的事业，成为企业创始人或是高级合伙人，实现了财富或时间上的自由；再比如，经过数年甚至是数十年的不断努力，你成为某个领域的专家，赢得了同行的认可；又或者是在健康方面，通过不懈的努力，你成功地战胜了某种疾病，或彻底重塑了自己，拥有了更匀称的身形。

这种赢并不会像你买一打彩票，蒙中一个安慰奖那么简单。它不仅需要你有清晰明确的目标，有实现梦想的决心，还需要你长期投入大量的时间与精力。在这个过程中，你将会遭遇各种艰难困阻，因此，能够真正实现这种赢的人并不多。如果你做到了，你的人生将会有翻天覆地的变化。

说到这里，我想起了这样一个传奇的女人，她的名字叫莉莉娅。1917年，她带着对未知世界的憧憬，独自从俄国踏上了前往美国的旅程。当她抵达西雅图，因为不懂英语，于是她在脖子上挂着一张标签，上面写着对她来说陌生的名字——"爱荷华州福特道奇市"。最终在红十字会的帮助下，她来到了福特道奇，与几年前移民美国的丈夫团聚。

莉莉娅在美国的生活充满了挑战。她感到自己像个局外人，虽然她努力挣扎着在学习英语，但似乎总是难以掌握。不过，她并未因此放弃。两年后，她和丈夫搬到了奥马哈。在这里，莉莉娅逐渐找到了归属感。她的大女儿每天放学回家，都会给她分享在学校学到的新词汇，这成为她学习英语的一个重要途径。

随着时间的推移，莉莉娅不甘心过平庸的生活，她决心追求自己的梦想——开一家家具店。于是，她开始积攒资金，为此，她做起了买卖二手衣物的生意，并在闲暇之余四处奔波，努力将自己的父母以及兄弟姐妹接到美国。20年后，她终于攒够了2500美元。带着这笔钱和对梦想的坚持，她前往芝加哥，定制了家具，开启了自己的事业。

起初，她的店面并不显眼，位于一个不繁华的街角。然而，她用坚韧的意志和对顾客的深切关怀很快就吸引了人们的注意。

莉莉娅深知，自己出售的家具在设计、制造工艺和材料方面并无独特之处，因此，她决定通过卓越的服务和诚信的经营来赢得顾客的青睐。她精心挑选每一件家具，确保品质和风格能满足不同顾客的需求。她还提供了一项独具特色的服务——免费家具咨询，帮助顾客在家居布局和风格选择上作出最佳决策，这种个性化的服务在当时极为罕见。

除此之外，莉莉娅还引入了一项创新措施——满意保证。如果顾客对购买的家具不满意，她会无条件接受退货或换货。这一策略在当时的家具行业中独树一帜，极大地提高了顾客的信任度和满意度。

莉莉娅的这些举措让她的生意逐渐兴隆起来。她以诚信为本，高品质的产品和优质的服务赢得了顾客的口碑，使得家具店的名声远扬。

尽管从未接受过正规教育，甚至不识字，但莉莉娅凭借她的毅力和对顾客的关心，在家具行业中脱颖而出。她始终坚信，只要比别人付出更多努力，就一定能实现自己的梦想。最终，她的家具店不仅在当地赫赫有名，而且逐渐发展成了一个庞大的商业帝国，年营业额达到了惊人的15亿美元。

在莉莉娅103岁时，她仍然坚持在自己的企业工作。她的故事激励着每一个人，使她成了无数人心中的榜样。莉莉娅的故事证明：即便是在最艰难的时刻，也不应该放弃追求自己的梦想。无论出身如何，只要有梦想和不懈的努力，就能创造出非凡的成就。

你可以像莉莉娅那样，为你自己的人生赢一次吗？哪怕只有一次！

我们总是羡慕那些取得伟大成就的人，如迈克尔·乔丹、科比·布莱恩特那样的体育巨星，或是比尔·盖茨、埃隆·马斯克那样杰出的企业家。他们的成功经历就像是一部部电影，如此的精彩，而我们自己的人生则显得过于平庸。

但你应该明白，没有任何一个伟大的胜利是轻而易举就能得到的。**正如平静的池塘无法推动你的人生小船驶向梦想的彼岸。**

我们中的许多人都陷入了一种矛盾的境地，既想要赢，又舍不得为之付出必要的努力。仔细想想是不是这样?

例如,你明明知道在大学毕业后,还应该投入时间去学习新的知识和技能以增强自己的实力,但你却迟迟没有实际行动,最终导致自己难以提升;你明明知道自己身材走样,但就是宁愿窝在沙发里刷手机,也不愿开始实施你的健身计划;你明明知道精通一门外语,可能会在未来的某个时刻为你创造一些机遇,但是你买了教材却始终没有看过几页……

如果你不甘心于现在的生活,或是你对自己的人生还抱有一丝期望,为什么不设定一个目标,全力以赴让自己好好赢一次呢?

有趣的是,当你全力以赴并赢得一次胜利之后,你会发现自己更有信心去赢取第2次、第3次……当别人听到你的奋斗历程时,一定会惊叹:"这家伙的人生'开挂'了吧!"

算一下你就明白:人生其实并不长

我知道很多年轻人常怀有一种心态,认为自己还很年轻,时间充裕,可以尽情挥霍。然而,你必须明白,时间是最宝贵的财富。问题在于,拥有这笔财富的年轻人往往意识不到它的价值。而且，更危险的是，这种心态让你在不知不觉中已经浪费了大量时间。**当你醒悟的时候就会发现，时光飞逝，自己连时间也失去了，到那时，你会惊觉自己真的变得一无所有。**

假如你真的认为年轻的自己有的是时间，那么我们来做一个游戏：

请准备一张长条纸，我们用这张纸条来画出你的生命历程。众所周知，人的生命大致在0 ~ 100岁之间，所以用笔把长纸条划分成10等份。每一份代表生命中的10年，按顺序依次标上数字，从10开始，一直到100，最后，在纸的最左边和最右边分别写上"生"和"死"字。

然后，根据你现在的年龄，把已经过去的时间撕掉。注意，是一点点撕碎。

接下来，想想你期望的自己的寿命，当然，在这个游戏中，我们设定的最大年龄界限是100岁。假如你认为自己不太可能长寿至百岁，就把纸条上自己预想的寿命之后的部分撕碎。

然后，预估一下自己将在哪个年龄退休，请把预估的退休年龄之后的纸条撕下来，放在一边。这时候，你可以直观地看到自己还能工作的时间大约有多长。

在你工作的日子里，你打算怎样分配每一天的24个小时？通常睡觉要占据我们一天中1/3的时光，也就是8小时。吃饭和娱乐休闲等活动又消耗掉大约8小时，这也是一天中的另一个1/3时间。真正能够用来工作、创造价值和效益的时间就只剩下大约8小时，同样是一天中的最后1/3。因此，请把手中的纸条再撕掉2/3。

现在，你可以一只手拿起剩下的1/3那段纸条，再用另一只手拼接起刚刚撕掉的2/3纸条，以及代表退休之后的那一段纸条，对比一下左右手上纸条的长度。然后告诉自己：我需要用这只手上1/3的工作时间赚到的财富，为另一只手上2/3时间的吃喝玩乐和退休后的生活提供保障。

如果你算清了自己需要赚到多少财富才能养活自己，那么，这还只是满足了你自己的需求，你的父母、子女、配偶呢？算上他们，你需要在那1/3的工作时间内赚到多少财富呢？

我做完这个游戏的时候，内心受到了强烈的冲击。那么你呢？现在，你还认为自己足够年轻可以肆无忌惮地浪费时间吗？

著名心理学家加利·巴福博士曾经说过：**"再也没有比即将失去更能激励我们珍惜现有的生活了。**一旦觉察到我们的时间有限，就不再会愿意过'原来'的那种日子，而是想活出真正的自己。这就意味着我们要转向曾经梦想的目标，修复或是结束一种关系，将一种新的意义带入我们的生活。"做完这个游戏，你会这样做吗？

我们中国有句俗语"宁欺白须公，莫欺少年穷"。在我国，历来以敬老尊贤为美德，有这样一句俗谚，可见人们对年轻人的重视。之所以对他们如此看重，是因为他们的人生有无限的潜力和可能，极有可能取得辉煌的成就。但也仅仅是有可能而已，年轻人要想有灿烂的未来，就必须付出时间和努力。倘若将大把的美好时光沉迷于玩乐中，等意识到问题的严重性时，恐怕已经太晚了。

著名励志导师拿破仑·希尔曾经说过："**天下最悲哀的一句话就是，我当时真应该那么做却没有那么做。**"年轻的你们，可能会听到很多人说"如果我当初怎样，现在早就怎样了"，谁都知道这样的话是完全没有意义的。

种下什么种子，就会收获什么果实。我们今天的处境，是之前行为的结果。同样，我们的明天在哪里，取决于今天我们做了些什么。

也许你觉得自己没有刻意浪费时间。是的，你没有刻意，只是在无意识地浪费时间：你不小心绕了一条要多花10分钟的远路；你不自觉停下脚步观看街边的路人吵闹；你习惯性地花大量时间跟同学朋友闲聊明星八卦或听他们的抱怨和牢骚；你毫无分辨地接听了一通又一通完全没必要接听的电话；你漫无目的地在社交平台上刷屏……时间就是这样被不知不觉地浪费掉了。

也许你会说，人生并不一定在年轻时就会被决定。我可以等到三四十岁，心智和人生经验都成熟的时候再去开创事业。

的确，没有人能否认这种可能性。但一般来说，三四十岁对于很多人而言，可能正处于生活的转折点，若无意外，此时你已经组建了家庭，需要养家糊口，而你的体力和精力可能开始走下坡路。这时候，你很难像二十多岁那样毫无牵挂地奋力拼搏，面临的挑战会更多，因此取得卓越成就的难度也会相应增大。这也就是为什么年轻的时光尤其不能浪费，所以我认为，把追求事业成功和实现梦想的重要任务放在人生体力和精力最好的时候进行比较好。

想要拥有一个没有遗憾、没有后悔的人生，想要拥有一个精彩的人生，这就要求我们在有限的时间里，给生命赋予更多价值和色彩。对未来有怎样的期许，你就需要在今天付出相应的努力与汗水。而今天你承受的所有艰辛和磨难全都不会白费，这一切终将累积起来，引领你迈向那份应得的辉煌未来。

因为输在起点，所以更要奋起直追

读小学的时候，我天真地相信"所有人都在同一起跑线上"这句话。

后来随着时光的流转，我渐渐明白，人与人的起点，在我们还只是一个受精卵的时候就已经不同了。值得庆幸的是，年少的我坚信大家的起点都是相同的，并且深信只要付出不懈的努力就会改变命运。倘若不是这份信念支撑着我，我不知道自己会不会跟我的很多中学同学一样，留在一座小城，过着相似的生活，只是扮演的主角不同而已。

也许你像我一样家境普通，或者你还没能像我这么幸运，考进一所理想的大学。不过，这些都没有关系。我想告诉你的是：**起点并不像你想象中那么重要。就算起点低了一些，又怎样？**只要你坚定地相信未来，愿意付出努力，终有一天会赢得属于你的掌声。你手中的牌或许不尽如人意，但那又有什么大不了的呢？记住，牌的好坏，并不一定能决定游戏的最终结局。

多年以前，有一次，我所在的公司要招聘网站的平面设计人员。现在这个专业的学生人才济济，但当时还没这么热门。

其中有一位应聘者，准备的资料格外丰富，除了一整套设计作品，还临摹了某网站全部前台页面，并精心制作成一本画册。大家本来挺看好他，但是当问及学历时，他坦诚地说："我只有高中学历。"面试官们便有些犹豫了。

这时候他开口说："**我不是一个平庸的人。**"顿了一下，接着说："**因**

为平庸的人太多了，以至于我连平庸都算不上。"在场的人一下被他的幽默感吸引住了，此时就听他接着说：

"我高中没毕业，但已经是我们家学历最高的了。我天资一般，在学校学习时不够努力，家里也不肯为我多花一分钱补习，学习成绩自然算不上出色。高二那年，村里有个在外面当上了工头的人回来招工，父亲便让我跟着他去干，于是，我当上了一名建筑工人，那一年我17岁。

"建筑工人我只干了不长一段时间，之后，我陆续在饭店做过杂役，在炼铝厂添过料，在工厂加工过塑料袋，还做过网管和房产中介等诸多工作。这根断指是给客户安装木地板的时候出事故造成的。

"今年我24岁了。我的小学同学们，大多数人都在走南闯北打工谋生，有做厨师的，有挖煤的，有在流水线上当工人的。如今，他们中的许多人已经回老家相亲、盖房、结婚、生子，过上了安稳的生活。而我在他们眼中是个异类，因为我发誓不要过他们那种生活。

"这些年经历的种种辛劳、压抑、屈辱、彷徨以及苦难，让我领悟到了好好学习的重要性，我想通过努力摆脱原来的生活，找到一份让自己感到满意和自豪的工作。家人埋怨我不安分，想要得到他们的支持那是天方夜谭。尽管遭受了无数责骂，我还是不愿放弃自己的追求。但是，我发现不管是学历，还是工作经验、英语水平、办公软件技能等方面，我距离那些我想要得到的职位要求有很大差距。我也向无数刊物投过稿，根本得不到回应。

"后来，在一家别墅里干活时，我听到了男主人打电话提道'互联网以后是大趋势，你可以让他学学网页设计'。这个信息让我如获至宝，就像有一丝光明照进了我的心里，我想这可能是改变我命运的最后机会了。尽管培训费很贵，尽管父母对这个决定表现出强烈不满和愤怒，可我还是义无反顾，用自己辛勤劳动赚来的钱支付了培训费，你们应该能想到，我学得相当艰难但很刻苦和投入，最终得到了培训老师的赏识，他向你们推荐了我。"

在听他讲完自己的奋斗历程后，我想起了一个多年前读过的故事。

有一个小男孩读中学的时候，一天下午，一位摄影师来学校拍学生上课时的情景照。小男孩平时极少拍照片，他用亮闪闪的眼睛兴奋地紧盯着摄影师，渴望能被拍进画面里。终于，摄影师看向了他，可是却皱了皱眉头，指着小男孩对老师说："你能让那位学生离开他的座位吗？他的穿戴实在是太寒酸了。"小男孩闻言，没等老师开口，自己倔强而骄傲地站起身来走开了。

读中学的男孩此时已经懂事，他知道自己穿得不够体面，知道自己家里不富足，更知道父母为了让他受到良好的教育已经竭尽全力。看着正在拍照的摄影师，他攥紧了拳头内心暗暗发誓："**总有一天，我会成为世界上最富有的人！**让摄影师照相算得了什么，让世界上最著名的画家为我画像，那才是真正的骄傲！"后来，在离高中毕业典礼只差两个月的时候，男孩更是由于父亲的原因不得不辍学，离开了学校，但他的命运并没有因此归于平淡。

男孩的名字叫约翰·D. 洛克菲勒，是世界公认的"石油大王"，也是19世纪末到20世纪初全球历史上最富有的人之一。他到底多有钱呢？据估计，如果按照今天的货币价值计算，他的财富可能超过3400亿美元。

在写给儿子小约翰·D. 洛克菲勒的一封信中，老洛克菲勒回忆了这段刻骨铭心的经历："约翰，我的儿子，我那时的誓言已经变成了现实。在我眼里，'侮辱'一词已经不再是剥掉我尊严的利刃，而是一股强大的动力，排山倒海一般，催我奋进，催我去追求一切美好的东西。"

如果说是那位摄影师把一个穷孩子激励成了世界上有名的人，似乎也并不过分。洛克菲勒的成功足以说明：即使是起点落后于别人，只要有目标，付诸行动，同样也可以逆袭成为成功的人。

当然，那个高中学历的应聘者最终得到了那份工作，我们成了同事。此后即使分开我们始终保持着联系，他现在已经是一家著名网络公司的中层管理者了。他的人生算不上有多么风光无限，但他过上了自己想要的生活，也摆脱了似乎是与生俱来的命运，不是吗？

那些自认为一开始就输在了起点的人，又有着怎样的经历呢？你曾经遇到过这样一位摄影师吗？在不公平与屈辱面前，你是怎样面对的？是把它嚼碎了化作内心的力量，还是不停抱怨并不断向命运妥协？

与其抱怨，不如思变。人生不是在跑道上奔跑，而是一次次翻山越岭。在这个过程中，你虽然会感到辛苦，却能欣赏到沿途美丽的风景。你目光所能及的地方，就是你人生的边界。即使起点比别人低，那又怎样？这只是意味着你应该更加努力而已。

你或许起点不高，硬件条件不如他人，这都没关系。关键在于你的软实力，即你的思想深度、视野广度、胸襟的包容性、信念的坚定性以及格局的高远性，只要这些方面一直在不断提升，你就不会永远处于劣势。

输在起点，奋起直追就行了！

不聪明的人，也能成大事

世界上许多成大事者，并不一定都是天资聪颖、才智超群的精英，反而有一些资质平平的普通人。这使很多人感到疑惑不解：为什么那些看上去智力不及我们，在学校表现一般的人却取得了巨大成功，在人生的旅途上把我们远远地甩在了后面？

原因在于，其中一些人在学校里默默无闻，看似智力平平，学历也并不出众，但他们却拥有一种难能可贵的专注力。他们一直专注于某一领域，并在这领域里想方设法保持领先，耕耘不辍，一步一步地积累，逐渐形成了自己的优势，最终达到了自己的目标。相比之下，那些所谓智力超群、才华横溢的人却往往因为四处涉猎、毫无目标而最终一无所获。

谈及个人素质，它主要包括形体素质、智商、情商（心理素质）三个部分。西方行为心理学研究表明，在影响个人成功的诸多要素中，情商居于核心与决定性地位，而智商只是成功的必要条件，并非充分条件。

所以在生活中，我们常常会看到一种现象：学历不高的人往往能成为老板，而高学历的人却常常只是打工者。这其实说明，**拥有高学历并不等同于成功，它只代表一个人具备了成功的某种潜在条件。**一旦认识到这一点，我们就应该停止对那些看似"土气"的大老板的嘲笑。他们之所以能成功，是因为他们的情商、见识和努力一定有着过人之处。

在人类历史上，有很多卓有成就的人，他们并没有如人们想象的那样，从小就展现出超人的智力，相反，据我所知，有些人的智商还低于平均水平。其中，维珍集团创始人理查德·布兰森的经历足以证明这一点。

理查德·布兰森出生在英国伦敦，他的童年并非一帆风顺，因为上学之后，布兰森被确诊有阅读障碍症，他比很多同龄孩子在阅读上要吃力很多，在学习上经常遭遇挫败。老师们对他的学习能力表示怀疑，而同学们则对他的智力水平嗤之以鼻，以至于布兰森的父母甚至怀疑这个孩子能否顺利读完小学。

布兰森的确在学习能力上低于常人，这让他艰难地完成了小学和中学的课程，但是他从未因此气馁。相反，这些挑战似乎激发了他的创造力和独立思考的能力。年纪轻轻的布兰森便对商业产生了浓厚的兴趣，他坚信自己可以在这条道路上闯出一片天地。

16岁那年，布兰森决定启动自己的第一个商业项目——创办一本名为《学生》的杂志。这本杂志的受众群体为同龄的学生，内容包括名人专访、音乐和文化评论等栏目。这本杂志迅速在同龄青少年市场中取得了不俗的反响。这个看似微不足道的开始，标志着布兰森不同寻常的创业旅程的开端。通过创办杂志，布兰森坚信，即便在面对他人的质疑时，一个人依然可以凭借坚韧和创新去打造自己的未来。

随后，布兰森继续寻找新的机会。他的下一个重大举措是在伦敦牛津街开设一家唱片店，命名为维珍唱片（Virgin Records）。由于他准确地把握了流行文化脉搏，这家店迅速成为年轻人喜爱的音乐和文化聚集地，布兰森从中看到了音乐行业的巨大市场潜力。

1972年，布兰森将他的商业版图进一步扩展到了唱片制作领域，成立了维珍唱片公司。他的第一个签约艺术家是迈克·奥尔德菲尔德，其专辑《管钟》一经推出便大获成功，帮助维珍唱片赢得了市场的认可。布兰森凭借对市场的敏锐洞察力和创新营销策略，将维珍唱片打造成了一个具有广泛影响力的品牌。

在接下来的几十年里，布兰森将他的事业扩展到包括航空、电信和太空旅游等行业，他每一次的商业尝试都体现了他对创新的追求和对常规的挑战。即便面对失败和挫折，布兰森从未退缩，他凭借坚定的信念和无畏的勇气成了全球最知名的企业家之一。

的确，在历史上，很多所谓的"笨人"，比那些拥有高学历、高智商的聪明人还要成功，确实令人费解。通过仔细分析，人们发现出现这个现象的原因在于，那些聪明的人，往往没有一个明确目标，缺乏坚韧精神，结果四处出击，精力被分散，才华被浪费。

相反，那些看似愚钝的人有一种顽强的毅力，一种在任何情况下都坚如磐石的决心，一种不受任何诱惑干扰、不偏离自己既定目标的能力。

电影《阿甘正传》讲述了一个名叫阿甘的美国青年的故事，他的智商仅有75，连进小学都困难，但令人惊奇的是，他几乎在生活的各个领域都表现出色：长跑、打乒乓球、捕虾，甚至爱情。最终，他成为一名成功的企业家，而比他聪明的同学、战友却生活得并不如意。这无疑是对传统意义上"聪明"的一种嘲弄。阿甘常爱说的一句话是："我妈妈说，要将上帝给你的恩赐发挥到极限。"这部电影表达了一种成功理念：**成功就是将个人的潜能发挥到极限。**

阿甘的成功，从某种意义上说，得益于他那轻度弱智所带来的纯真和执着，他不懂得计较得失，唯一做到的就是**简单地坚持、认真地做事、傻傻地执行。**很多时候企业里恰恰缺的就是这样的"傻人"。

相比之下，那些所谓的"聪明人"遇到问题时总是在抱怨或指责他人，他们过分计较投入与回报的比例，算计着每一分耕耘必须带来的收获。在做每一个决策，执行每一项任务时，他们都要仔细盘算自己的得失，如果不划算，便采取"上有政策，下有对策"的态度。

殊不知，很多事情并不会一开始就有回报，往往前期是十分耕耘，三分收获，而到了后期，才有可能三分耕耘，十分收获。阿甘并不是真的愚者，他成功的方法只有一个，那就是**不计成本的努力**，他成功的秘诀就在于他的"单纯"，或者更准确地说，是他的"执着"。

有句老话叫"知易行难"，意思是懂得道理很容易，付诸行动却很难。自以为聪明的人常常展现出"眉头一皱计上心来"的机智，然而，他们往往只擅长在脑海中"头脑风暴"出各种想法，却不善于将这些想法付诸实践，更不善于与人长期打交道。因为他们唯利是图、刚愎自用，结果只能落得个聪明反被聪明误。

比你优秀的人，他们都在做什么？

很多年前，那时候还没有微信，QQ的"说说"栏目里有一篇文章非常流行，据说是哈佛大学的校训，虽然不知道真假，但是那时候它激励了很多人。其中有一句话我印象最深刻：

Even now, the opponent does not stop turning the pages.
即使现在，对手也在不停地翻动书页。

我当时就在想，哈佛可是世界名校！那得是何等优秀的学生才能踏进这样的学术殿堂啊！当我在刷"说说"看着这篇鸡汤的时候，那些学子正在图书馆里孜孜不倦地学习！他们是最出类拔萃的学生，而我呢，拼尽全力才在高考这场战役中稍有斩获，与他们相比，真是望尘莫及！

那时，我突然感到一阵深深的自责和懊恼，哈佛那些拼命看书学习的人，他们是同龄人中的佼佼者，即便如此，他们还在努力，而我呢？我早就被他们甩开了，甚至连他们的对手都算不上！我第一次感到恐惧，并深切地体会到：你不前进，就是在后退！

朋友们，此刻也请大家想一想，你身边的很多人，可能是你的上司，可能是业绩比你好的同事，可能是成绩比你好的同学，在你无聊地刷着朋友圈消磨时光的时候，他们可能正在看书充实自己，可能正在学一门新的语言，可能正在废寝忘食地工作。就在你每天放慢脚步的时候，别人正在努力向前，不久的将来，你会发现他们已经遥遥领先，让你望尘莫及。

有这样一个很有意思的数字游戏，**1.01的365次方是37.8，0.99的365次方竟然只有0.03**，这似乎意味着，如果你每天能进步一点点，那么365天之后，你将实现质的飞跃，毕竟，质的飞跃正是来自量的不断积累。但是，如果你每天都有所懈怠，久而久之，你只能羡慕别人的成就，懊恼自己的停滞不前。

如果你不改变，始终是1，那么终究会有人每天多努力一点，成为1.01，到最后远远地超过你。如果，我是说如果，他不是1，他是10呢？

人们常常不自觉地给自己设置种种障碍，作为不去努力的借口，但是，当我们看到比我们成功的人更努力的时候，难道不应该振作精神，奋起直追吗？优秀的人，就是我们生活中的灯塔，他们照亮了我们前进的方向，我们只要朝着那个方向不分昼夜地努力追赶，终究会和他们站在同一个高度。

在我认识的一些相对成功的人身上，发现他们有个共性特质：他们保持了高度的好奇心和好学心，热衷于学习各种知识。无论是语言、管理还是其他新鲜的事物，他们都怀着浓厚的兴趣想去搞清楚，弄明白。

我有一位老同学，是一家初创科技公司的创始人兼CEO，专注于人工智能技术的研发，在短短几年内就迅速崛起。尽管已经取得了令人瞩目的成就，但他却从未停止过自我提升的脚步。

他的公司起初只是一个小团队，如今已经发展壮大，拥有数百名员工，产品遍及全球多个国家和地区，他也因此引起业界的关注，并多次受到业界媒体的采访。然而，对于他来说，这些成就并不意味着终点，反而是新的开始。因为他深知，只有不断学习和创新，才能确保在日新月异的科技领域持续发展，否则早晚会被淘汰。

每天，不管多忙，他都会抽出时间阅读最新的科技研究报告、市场分析报告以及与行业相关的书籍。他坚信，知识的力量是无穷的，只有紧跟行业的发展，才能在激烈的竞争中保持领先。此外，他还积极参加各种行业论坛和研讨会，与其他企业家和专家交流思想和经验。他还总是乐于与人分享自己的见解，同时也虚心学习他人的长处。

更值得一提的是，尽管他已经是一名成功的企业家，还仍然选择在百忙之中攻读MBA学位。他认为，系统的学习能够让他更深入地理解商业运作的各个方面，为公司的长远发展奠定更坚实的基础。在学习过程中，他不仅吸收了先进的管理理念，也锻炼了自己的思维和解决问题的能力。

我这位老同学的故事传递出一个强有力的信息：无论取得多大的成功，学习永远都不应该停止。他用自己的实际行动证明了，比你优秀的人之所以优秀，是因为他们比你更加努力。

无论你处于人生的哪个阶段，都不应该满足于现状，而是应该不断挑战自我，追求更高的目标。我想这就是除了机遇之外，成功的人拥有的比大多数普通人多的特质。

生活中有太多比我们成功的人，他们都还在努力地发展自己、提升自己，而我们又有什么理由停下脚步，满足于现状。想到比我们成功的人比我们还要努力，你是不是心生敬畏，又有一丝恐惧？让我们一起加油吧，让这敬畏和恐惧化为驱动力，促使我们成为更好的自己吧！

今天的奋斗，决定未来的你在哪里

时间像一条流动的线，你过往的每个行为都会在今天或未来产生

你的人生赢过吗？哪怕只有一次

"投射"。你该如何理解这句话呢?

就在前几天,我的一位朋友很不幸被检查出了糖尿病。医生认为,他在过去的时间里长期食用大量的甜品,并且缺乏运动和过量吸烟,这些因素共同作用,是导致他患病的主要原因。他十分失落地告诉我,如果知道今天会是这个结果,他一定会远离那些糟糕的习惯。

的确,你如今的处境,都是过去行为的积累所导致的结果。如果你在过去养成了好的习惯,那么,今天你将会成为好习惯的受益者。相反,你今天在工作和生活中所面临的问题,多半也是因为你在过去的时间里坏习惯或不良行为的累积造成的,怨不得别人。

提前为明天做好准备,这对任何有梦想和追求的人来说都尤其重要。当你能够意识到这一点时,你就不会轻易停下奋斗的脚步,你会更加努力多做一些积极而有意义的事情,让自己能够在未来体会到今天不懈努力所结出的丰硕果实。

我们都知道现在的就业环境颇具挑战,很多人甚至一毕业就面临失业的困境,然而,也有一些人一毕业就能找到非常理想的工作,他们是如何做到的呢? 我来给你讲个例子。

马奇毕业后,积极准备应聘国内一家顶级投资公司的基金经理职位。这个职位竞争激烈,吸引了众多富有金融领域经验的应聘者前来应聘。

在长达半年的反复测试和筛选后，他最终脱颖而出，成功获得了这份年薪百万的工作。

大家很可能好奇，为何一个毫无工作经验的毕业生能够被委以重任呢？难道是因为他的家庭有什么特殊背景？其实并非如此。马奇之所以能够得到这个职位，一方面得益于他扎实的学识基础，另一方面是因为，在毕业前的一段时间里，马奇就已经进入一家证券公司进行实习，这为他积累了丰富的实践经验。

在实习期间，马奇每天都认真完成各项工作，同时，他充分利用这个难得的机会，在下班之后研究各种企业并购案例和股票市场的投资技巧等。他的勤奋和进取精神连实习公司的老总都赞不绝口，甚至在开会时当着全体员工的面夸赞道："你们应该好好向小马学习，他总是那个加班到最后离开公司的人！"

就这样，经过不断的积累和学习，马奇的业务能力迅速提升，超越了实习生的水平，甚至可以独当一面。实习期结束后，公司老总非常欣赏他的能力，邀请他在毕业后加入公司。然而，马奇坚信自己经过这次实习锻炼，能够得到更棒的职位。事实证明，他的确成功了，从众多的应聘者中，他凭借实力脱颖而出，成功争取到了那份年薪百万的工作，更重要的是，他借此机会踏入了一个非常优秀的平台，为未来的职业发展奠定了坚实的基础。

马奇的成功之处在哪里呢？关键在于他在毕业之前就为自己打下了坚实的知识基础，并积累了丰富的工作经验。与大多数的毕业生相比，他更有目标，并为目标付出了更多的努力，这是他迈向成功的关键所在。

很多人都认为，只要进入了好的大学，就等于拥有了好的未来。然而，在我接触的一些还算不错的大学中，见到过很多这样的人，他们聪明且志向高远，计划着毕业之后找到一份理想的工作，开始自己理想的人生。但遗憾的是，当他们走出校门才发现，仅仅凭借优异的成绩顺利毕业是不够的，好的职位并没有那么容易得到。

所以，无论你现在是在学校里学习，还是已经开始工作，都不应该让自己松懈，你应该为了自己的未来付诸行动。

我有一系列建议，你也可以把它们视为一种练习，这些建议会让你的每一天过得更充实、更有意义。

1. 设定你的目标

万事皆由目标指引。想象一下未来，比如三年之后，你想做什么，你想在哪些方面取得成功，你区别于其他人的强项有哪些。尽可能用画面去想象，然后写下你的目标，让目标驱动你的工作和学习。

2. 为目标制订计划

根据你的目标，制订一个详细的计划。比如，你想创业成为企业家，就必须要设计好几个企业发展的阶段，写明每个阶段具体做什么，打算怎样实施，更进一步，要列出为了实现这些计划你需要学习哪些方面知识，创业的资金从哪里来，需要多少具体的资金支持等。

3. 每天都提升自己

提升自己是你永远要坚持去做的一件事。无论是深入学习你需要掌握的知识，还是积极参加培训班、社会实践等活动，你的专业技能水平和经验会在日复一日的积累中增加，当你的技能或经验在未来的某个时刻发挥作用时，你会感激自己之前所付出的每一分努力。

4. 不断激励自己

找一些能够让你感到愉快的事物，比如一本有意思的书，一部好看的电视剧或一杯咖啡，作为对自己今天奋斗的奖励。这种及时的奖励既可以帮助你消除精神上的疲劳，同时还能让你在潜意识中将付出和回报联系起来。

5. 让别人帮你成功

你有你的计划，别人也有别人的目标。在你的同学、同事或朋友中，一定会有和你一样充满斗志的人，找到这样的人，形成一个互相激励的合作团队，让彼此互相督促，有了他们的陪伴，你会感到不是一个人在奋斗，会变得更有力量。

总之，你有很多种方法可以让自己成为一个坚定的奋斗者，**你今天所做的一切都会在未来得到体现。**当你取得伟大的成就时，会感谢自己的付出，并在心里欣慰地接受它，因为那是你应该得到的。

第二章

认知觉醒：找到成功的底层逻辑

不要觉得努力就一定有好结果

如果你暂时没有创业想法，只想通过努力在职场上升职加薪，走上职业发展的快速路，可不可以呢？当然也是可以的。但这里有一个认知上的误区，你需要警惕。

绝大多数人认为，工作量与成功是成正比的，你所投入的人力、物力和精力越多，获得的成功就越大。这种想法固然有一定的道理，没有投入就没有成效。但是你要知道的是，如果你只一味地忙碌，不思考如何减少时间和精力投入，提高工作效率，那结果就是你很难让自己的职业生涯有更好的发展。

所以，不要觉得努力就一定会有好的结果，在职场上，你一定要学会聪明地去工作。聪明地工作不仅能让你的工作效率加倍，而且还能激发你的创新思维。

日本有一家大型化妆品公司曾收到客户投诉，称买来的香皂盒子里面是空的。为了杜绝此类事情再次发生，该公司投入了大量的人力、物力研发出了一台X光监视器用于检查包装好的香皂。

同样的问题也发生在另一家小公司，他们的解决方法是：买一台工业用的强力电扇，放在输送机末端，吹走没放香皂的空盒。怎么样，够简单、够聪明吧！这个做法既省去了购买X光机的费用，又不需要专人盯着这件事。

还有一个更为精妙的例子，你听后一定会为他们的做法拍案叫绝，并且感到心悦诚服。

美国太空总署的研究人员发现，在外太空低温无重力的状况下，航天员用墨水笔写不出字。于是他们花了一大笔钱，研发出一种在低温无重力下能写出字的笔，这在当时是很了不起的成就。那么，俄罗斯航天员是如何解决这个问题的呢？他们选择了一个简单的方法：改用铅笔，这样既可行又有效。**这种把复杂的问题简单化的做法也不失为一种提高工作效率的手段。**

努力工作固然重要，但更重要的是要用智慧，单纯的蛮干很难得到认可和赏识。在对努力工作但业绩不佳的人进行评价时，人们常说"没有功劳，也有苦劳"。在过去这种思想氛围下，人们往往过多地强调自己对于企业的时间和精力付出，认为只要保持忙碌的工作状态就可以了，却不关心这样的付出是否真的产生绩效。很多人衡量成绩的标准就是自己付出的时间和精力，而不是付出所产生的效果。

但是，时代已经不同，特别是知识经济的时代到来之后，管理者对员工业绩的考核逐渐转变为以结果为导向，虽然过程同样重要，但结果重要性更为突出。如果付出很多却没有得到相应的回报，那只能被视为徒劳无功，再忙也是白忙。你一定要记住这一点。

我们讲个例子。

小A与小C都是毕业于知名大学的企业管理专业的优秀毕业生，并同时进入一家中型上市企业工作。

小A工作努力认真、踏实肯干，他的生活似乎除了工作就是工作。他常常自愿留下来加班，每天工作到很晚才下班，好像总有做不完的事，但遗憾的是，他的工作业绩平平。

而小C呢？如果用传统的"认真"来衡量，他或许有些"不务正业"，他的想法和工作方式都与众不同，从不墨守成规，总是能琢磨出一些高效的"懒办法"。别人两小时完成的工作，他总能想办法在一个半小时内完成，但神奇的是，当别人能达到十分的效果时，他却能把工作提升至十二分的水平。

主管交给他的任务，他不但能完成得干净利落，而且效果总是令人满意。在完成主管安排的工作后，小C还经常主动向主管申请做一些额外的工作，工作之余，他还经常找主管和同事交流，探讨工作中存在的问题，很快，他就与大家建立了良好的工作关系和亲密的私人友谊。

一年后，小C得到提拔并被委以重任，而小A则只获得象征性的加薪作为鼓励。

这让小A心里感到非常不公平，他认为小C工作没有自己认真，而且还总是把心思用在讨好别人上，凭什么业绩考核要比自己好？而且还受到公司的重用？自己为公司付出了那么多，却落得竹篮打水一场空。他越想越觉得不好受，最终主动向单位递交了辞呈。

现实中，类似小A这样的人并不在少数。人们习惯地认为"老黄牛"式的员工就是好员工，但事实上，"努力"工作的人并不一定会受到上司的认可和赏识。即使你付出再多的努力，如果没有给企业带来实际的效益，要想得到老板的赏识是不太可能的。

过去，我们以"老黄牛精神"激励人，让人人都做埋头苦干的"老黄牛"。但是，在知识经济时代，仅仅有埋头苦干的精神已经不够了，我们不仅要努力工作，更要学会以聪明的方式工作。

那么，你一定会问，我怎样才能成为一个聪明的工作者呢？我这里有一些建议，希望你能参考。

1. 以结果为导向

无论你做什么，都要牢记"结果"二字，就像做一份市场报告，你一定要把重点放在结论上，**无论你把过程描述得多复杂或多简洁都没有关系，但关键是要让大家看到一个明确的、成熟的"结论"。**

2. 以效率为要求

领导交给你一个任务，并给了你三天期限，以往你的习惯可能是按照领导给的期限来安排你的工作进度。那么现在，你应该力求自己在两天内完成，而且要保质保量，这是一种能力的锻炼。

你不用担心领导会因为你效率高而给你安排更多的任务，使你应接不暇。相反，你要通过这种方式向别人证明你的实力，同时这也是你锻炼思考能力的重要途径。

3. 以创新为目标

这个时代属于能够创新的人。创新并不完全依赖于高的智商和天赋，而是经验、技能积累到一定阶段后，通过不断地思考就能实现的一种高级技能。

创新无论大小，其实都是对已有事物的深度加工和再创造。以创新为目标，你会更加注重在工作中寻找新办法、新途径，并逐渐让创新成为你的优势，为你以后创业打下良好的基础。

只做好手上的事，很容易走向平庸

要相信自己可以做好很多的事情，包括你手上的很多工作。但问题在于，**你能做好的事情，可能别人也能做好，越是容易完成的事情，能做好的人也会越多。**基于这个逻辑，仅仅做好容易完成的工作可能并不会展现出你的独特光芒。

如果你真的想成功，想成为人生的赢家，就不应该只专注于做好那些大多数人都能做好，也已经有很多人在做的事情了。

李嘉诚先生曾经说过："一件衣服，80%的人都说好看，那我一定会买！但一个生意机会，80%的人都说可以做，那我绝对不会去做！我深信80/20法则，为什么世界上80%的人是穷人，而20%的人是富人？因为20%的人做了别人看不懂的事，坚持了80%的人不会坚持的正确选择！"

这个逻辑是没有错误的，就从生意这件事来说，当大部分人都能看懂、都愿意做的时候，基本上也就不剩什么利润空间了。

想想看，你可能正在从事一份非常顺手的客服工作，每天负责回答客户的各种问题，你有一套标准的话术参考，只需要坐在电脑前，等待客户的提问，并及时回答就行。在做这份工作时，你总能得到客户的好评，公司对你也非常满意。但是问题在于，这样的工作，几乎所有人都能做，也能做得很好，那么，这样的工作又能展现你的什么优势，你不担心会被别人，甚至是人工智能所替代吗？

社会每天都在发生翻天覆地的变化，如果你只是简单地认为自己能胜任现在手头的工作，对此工作认真负责，且能完美完成，那么这种认知是非常危险的。

做好手上的事情，认真对待工作中的每一件事，这固然重要，也能带给你一定的自我认可，但你必须明白，**你的价值要体现在那些别人想不到去做的事上，或是别人想得到却做不了的事上。**

什么是别人想不到去做的事呢？我给你讲个例子。

艾米是一位才华横溢的服装设计师，但她并不满足于现状。和大多数的设计师一样，艾米每天重复着相似的工作——用电脑绘制各式各样的服装款式，对此她得心应手。然而，工作之余，艾米一直密切关注着环保问题，她深知时尚产业对环境带来的影响。有一天，她萌发了一个大胆的想法：设计一系列既环保又充满艺术气息的服饰。

这个想法在同事和朋友中引起了不小的震动，因为此前没有人想到要这样做。公司里的大多数人认为市场上没有足够的需求来支撑这样的产品，这只是不切实际的幻想，甚至连艾米的领导都不看好她的想法。

尽管遭到质疑，但艾米并未气馁，她决定追随自己的内心。于是，她开始深入研究各种环保面料，并发现了一种由回收塑料瓶制成的新型面料，这种面料既环保又美观。她与当地的艺术家合作，将传统的手工艺与现代设计理念相融合，让每款设计都蕴含独特的故事，比如，在环保面料上用自然染料扎染复古风格印花等。艾米在社交媒体上分享了她的设计和制作过程，起初只有一小群环保爱好者和时尚博主关注她，但很快她的账号粉丝数迅速增长，越来越多的人开始关注她的作品。

在一次当地的环保活动中，艾米的作品首次亮相。虽然观众不多，但在场的一位时尚杂志编辑被她的作品深深吸引。几周后，她收到了这位编辑的电话，邀请她为杂志拍摄一组特辑，这个机会成了她职业生涯的转折点。

杂志上的图片充分展示了她设计作品的多样性和实用性，同时传递出强烈的环保信息。特辑发布后，她的名字和公司的品牌开始在更广泛的领域传播开，订单从各地慕名而来，其中还包括一些知名的环保活动家以及时尚人士。艾米的设计被认为是时尚与环保之间的桥梁。

就这样，艾米从一个默默无闻的小设计师，一跃成为引领公司新发展方向的领军人物，她也因此得到了管理层的认可，被提升为公司最高级别的设计师。

艾米的成功在于，她并没有仅仅只满足于做好自己手上的工作，而是在此基础上大胆创新，并设法将其变为现实。这就是去做了别人想不到去做的事。

当然，除了去做别人想不到的事以外，如果你能做一些别人想做到但能力却达不到的事，那么也会体现出你有价值，事业也能取得辉煌的成就。

这些能力包括出众的人际交往与公关能力、流利的外语水平、高水平的电脑编程能力以及出色的企业管理能力等，无论你在哪一个方面能力突出，都有可能脱颖而出，在激烈竞争的社会里占有一席之地。

总之，只满足于老老实实做好手上的事，可能会让你陷入平庸的境地，度过碌碌无为的一生。如果你不想这样，那就要多去思考、多去创新，从各方面提高你的硬实力。

做事不在于多，而在于"精"

你有没有发现，同一件事情，交给不同的人去做，有的人在很短的时间内，用看似简单的方法就能轻松完成；而有的人却需要借助各种工具，参考各种资料，花费很长的时间，也还有解决不了的问题。这是为什么呢？

其中最关键的因素在于，两者做事的底层思维逻辑是截然不同，前者倾向于将问题简单化，采取最直接、最快捷的方式去解决遇到的问题；而后者则往往过于拘泥于形式，错误地认为复杂等同于完美，认为复杂更能体现智慧。然而，事实并非如此。将复杂的工作简单化，学会剔除与本质无关的工作，抓住问题的核心，用最简洁明了的方式解决问题，这才是你在工作中应该具备的基本能力。

我记得某大学的一个研究室里曾发生过这样一件事。研究人员需要弄清一台机器的内部结构，而这台机器里有一处密封部位是由100根弯管组成的。要弄清这部分的内部结构，就必须弄清其中每一根弯管的入口与出口的对应关系，但是当时没有任何相关的说明资料可以查阅。

这显然是一项非常困难和繁琐的任务。大家想尽办法，甚至动用了某些专业仪器来探测机器的结构，但效果都不理想。碰巧的是，研究室的一位研究员和学校里的一位老花匠关系很好，在一次闲谈中，研究员提起了这个"搞不定"的课题。老花匠想了几分钟，竟然想出了一个简单的方法，并很快就将问题解决了。

原来，老花匠所用的工具只是两支粉笔和几支香烟。他的具体做法是：吸一口点燃的香烟，然后对着一根管子往里吹。吹的时候，用粉笔在这根管子的入口处写上"1"。同时，让另一个人站在管子的另一头，见烟从哪一根管子冒出来，便立即也用粉笔写上"1"。照此方法，不到两小时，他们就把100根弯管对应的入口和出口位置全都弄清了。

这件事给我们带来一个深刻的启示：**凡事都应该先探究"有没有更简单的解决之道"。**在着手开展一项工作前，要先思考，想想这件事情能不能用更简单的方法去处理，而不是急急忙忙就投入行动，以免白白忙碌了半天却进展缓慢，甚至解决不了任何问题。

其实，在处理工作时，一部分人常常陷入一种误区，那就是错误地认为想得越多就越深刻，写得越多就越能显示出自己的才华，做得越多就越有收获，然而，这种逻辑并非总站得住脚。仔细思考你会明白，"合适"的才是最好的。否则，即使付出再多的努力，如果不能满足需求，又有什么意义呢？

美国独立之前，人们推举包括富兰克林和杰弗逊在内的几位委员会委员起草《独立宣言》，由杰弗逊执笔。杰弗逊文采过人，最不喜欢别人对自己写的东西品头论足。

杰弗逊将草案交给委员会审查时，在会议室外等了好久都没回音，于是变得非常急躁。这时，富兰克林给他讲了个故事：一个决定开礼帽店的青年设计了一块招牌，写着"约翰帽店，制作和现金出售各种礼帽"，然后请朋友提意见。

第一位朋友说："帽店"与"各种礼帽"意思重复，可以删去；第二位和第三位朋友说："制作"和"现金"可以省去；第四位朋友则建议将约翰之外的字都划掉。

青年听取了第四位朋友的建议，只留下"约翰"两个字，并在名字下画了顶新颖的礼帽。帽店开张后，大家都夸赞招牌设计得新颖。

听了这个故事，杰弗逊很快就平静下来了。后来公布的《独立宣言》

的确字字珠玑，成为享誉世界的传世之作。

可见，"多"不一定就是好。**很多时候，"多"是累赘，"多"是画蛇添足，"多"只会使你更忙而失去章法。**因此，凡事"合适"即可，不要盲目求多、贪多，否则，事情就有可能搞成一团乱麻，让人理不出头绪。

若干年前，电影界突然一窝蜂地开始拍摄有动物参加演出的影片。虽然多家电影公司几乎同时开拍，但是其中有一家却脱颖而出，他们不仅推出得更早，而且动物的表演也远较别家精彩。你知道那位导演是如何取得成功的吗？

原来，他挑选了许多只外形相仿的动物演员，并各训练它们一两种表演技能。于是，当别人唯一的动物演员费尽力气，也只能演几个动作时，他的动物演员却仿佛拥有了神奇的能力一般，呈现出许多高难度的把戏。同时，他采取好几组同时拍摄的方式，将各个片段剪辑拼接出来，大大缩短了制作周期，快速将电影推出。观众只见那些小动物们爬高下低、开门关窗、卸花送报、装死搞怪，却不知道这些精彩的表现是由不同的小动物演的。

有趣吧？这位导演的成功关键就在于用最简单的方法解决了相对复杂的问题。如果你是一位导演，你还能想到哪些化繁为简的方法呢？

世间许多伟大的成功，都是以"简单有力"的方式实现的，并不是你想得那样，一定要轰轰烈烈或是极为复杂华丽。因为你的时间和人生都是有限的，为了在短暂的生命中创造更多的价值，你应尽可能多地去解决人生中可能遇到的各种问题。

面对诸多的问题，如果你总是能做到化繁为简，用简洁有力的方式去解决，那么注定你会成为一个高效的人，人生之旅自然会变得更加顺畅。

因此，在日常的工作和生活中，我建议你遇到问题时，不要急于按部就班去解决，而要多去思考，看看能不能找到化繁为简的方法。这种方法是"合适"和"简单有力"的，比如，写一份报告，你要摒弃毫无意义的长篇大论，而是要突出重点，尽量用简洁而富有力量的文字或图表来表达你的观点。要记住，很多事情的成功不在于"多"，而在于"精"。

位置站不对，努力全白费

"一根草绳丢在大街上是垃圾，绑在大白菜上便能以卖白菜的价格出售，绑在大闸蟹上则能分享大闸蟹的价值"，这句话流传甚广，其含义一目了然：要找对适合自己的位置才能更突显自己的价值。同样的，一罐可乐在你家门口的小卖铺里可能只卖2.5元，到了星级酒店就会卖到25

元，其中的差异，正说明位置对价值的影响是巨大的。

如果你一开始就给自己一个错误的定位，后果可能就是枉费你的时间和生命。**想想看，假设你是一只兔子，却非要参加游泳队；你是一只乌龟，却非要参加长跑队。结果会是如何呢？**

当然，在长跑队里的乌龟，也会有很多收获，比如，会提高对失败的承受能力以及锻炼出坚忍不拔的毅力。可是，它真的需要这种成长经历吗？这些时间成本的付出如果能够被善加利用，乌龟将有更加丰厚、更加甜美的收获啊。

因此，对于年轻人而言，一定要找到自己的定位，努力为自己找到一个合适的"位置"。在这个位置上，你的才能、兴趣和努力将会得到最佳的展现和回报。无论是职业生涯还是个人成长，都离不开这样一个核心问题：你究竟适合什么？

在职业和社会生活的大舞台上，每个人都需要找到自己的位置，这就是"个人定位"的概念。个人定位涉及深入了解自己的核心能力、兴趣爱好、价值观，以及探究这些个人特质如何与社会的需求和机遇相匹配。简单来说，它回答了两个关键问题：

问题一：我最擅长什么？

问题二：在哪里我能发挥出最大的价值？

想象一下，**一个有音乐天赋的人，如果没有找到展现自己才华的舞台，那他的天赋就如同沉睡的宝藏。**而一旦他找到了适合自己的位置，比如，成为一名音乐制作人或歌手，他的价值就能得到充分的发挥。这就是个人定位的力量。

个人定位对于我们每个人的职业和生活都至关重要。首先，它是职业发展的指南针。当你明确了自己的定位，你就有了明确的方向和目标。你不再需要盲目跟随他人脚步，而是可以按照自己的兴趣和能力前进。那时，你的工作不仅仅是谋生的手段，更是实现自我价值和梦想的途径。

其次，明确的个人定位能让你在竞争激烈的市场中独树一帜。在众多求职者中，你会因为清晰的个人特质和突出的专业能力而脱颖而出，就像是在一片茂密的森林中，你是那棵最为醒目的大树，会成功吸引住所有人的目光。

最后，准确的个人定位可以帮助你更好地实现自我管理和成长。当你清晰地认识到自己能在哪些领域发挥出色时，你就能更有效地规划自己的时间和资源，专注于那些能带来最大回报的目标。

说到定位，我想起了一个在企业界广为人知的经典案例。

在美国，有一位名叫杰克·泰勒的传奇人物。他出生于1922年，对传统学校教育并不感兴趣，在完成了一年大学学业后就选择了退学，随后去当了几年兵。退役后，他回到了美国中西部，并尝试了几份工作。后来，他在密苏里州圣路易斯一家凯迪拉克汽车经销店做起了二手车销售员。35岁时，他在销售团队中崭露头角，于是，他向老板提议是否愿意和他一起涉足汽车租赁业务。老板回应说，如果你愿意将薪水减半，并能投入25000美元，我就可以成为汽车租赁公司的合伙人。尽管老板提出的条件相当苛刻，但杰克还是欣然接受。

于是，杰克在他35岁时开始了汽车租赁业务。他当时只有7辆车，起步非常缓慢。尽管他的首次尝试还不错，但事业并没有真正发展起来。到了杰克40岁的时候，他决定用17辆车进入租赁车市场。而在当时，汽车租赁领域已经有很多的巨头，比如拥有数以万计车辆的赫兹、艾维斯等大公司，而杰克只有17辆车，他如何能与这些大公司竞争呢？

杰克的车和其他公司的车没有任何不同，也是通用、福特或克莱斯勒等品牌的汽车，而且他无法争取到像机场这样的黄金位置来参与租赁竞争，因为其他大公司已经把所有好位置都占满了。于是，杰克决定改变自己的市场定位。

区别于那些大的汽车租赁公司，杰克将目光投向那些因为汽车维修而需要临时租用车辆的客户上，以及需要租车服务的当地企业客户。针对这些客户，杰克提供了超预期的高品质服务，特别是便捷的上门取送车服务，极大提升了客户的用车体验。这在当时可谓是一种极大的创新，让杰克的汽车租赁公司迅速赢得了稳定的客户群体。

就这样，杰克的汽车租赁公司进入了发展的"快车道"，规模越来越大，到他去世时，杰克创办的租车公司（Enterprise Rent-A-Car）的价值已经超过了赫兹、艾维斯等老牌租车公司的总和。

杰克·泰勒的成功就在于他精准找到了自己的市场定位，并提供了超出客户期望的服务。想一想，如果你在工作中也能找到自己的定位，发挥自己的才能，为企业提供超越期望的服务，你也有可能走上自己事业成功的"快车道"，对不对？

所以，成功最基本的一个底层逻辑就是找到自己的清晰定位，这种定位不仅能发挥自己的才能，更能创造出真正的价值。如果你暂时还没有找到这样的定位，试着从我们前面提到的两个问题入手找一找吧。

从业余到专业，从专业到整合

在职业生涯的初期，大多数人都是业余的。虽然存在像巴菲特这样的特例，8岁就在父亲的带领下参观纽交所，并受到高盛董事的接待，11岁就开始买卖股票。然而，对大多数人而言，都是在步入社会后才开始真正思考并规划自己的工作方向。

这也就意味着，虽然学业完成，甚至经过了一段或长或短的实习期，但在你的行业中，你仍然只有业余选手水平。而且，越是技术含量高的行业，这段业余期的持续时间也会越长，比如，我的医生朋友曾告诉我，已经在医学院花了10年学习的他，要达到专业级别，至少还要再花10年时间进行临床实践和不断深造。

做业余选手这原本没什么问题，但问题在于，有太多业余选手高估了自己的实力，大学一毕业，他们便有了一统江湖、谁与争锋的满腔豪情，仿佛天下尽在自己掌握中，想要的一切唾手可得。简而言之就四个字：心比天高。

当然，这四个字后面往往跟着另外四个字：命比纸薄。**其实"命运"也挺委屈的：我哪里薄了，原本就是他们自视甚高，以他们的资质和能力，也就配得上这样的"命"呀，是他们自己眼高手低，认不清现实罢了。**

所以，当我的一位学弟入职一年之后就满怀焦虑地来找我谈心，探讨关于他为什么没有得到升迁这一话题时，我说："这不才刚工作一年嘛，要在古代，学徒期都还没满，你着什么急啊？"

他一脸着急地说："我能不急吗，在我这个年龄，'乔帮主'都已经创业成功成为百万富翁了。古代的小伙计，人家那是十来岁就开始当学徒的，我这都受了十多年的正规教育了，时间还不够长啊。"

我明白，虽然受了十多年的教育，可是，对新任职的工作并不会有实质性帮助。除了医生、律师等专业，学校教育几乎与毕业后的实际工作内容没有什么必然联系。也就是说，在这个新的人生阶段，都是需要从头学起的。

"那你觉得目前工作情况怎么样？"

"这也一年了，所有的工作流程我都熟悉了一遍，基本上都掌握了。我觉得已经没什么好学习的了，接下来也只是重复现在的工作，很难有突破。"

我笑了，问道："那你觉得自己在工作中有哪些不足之处？"

他沉思片刻回答："我觉得没什么不足，目前的工作我得心应手，游刃有余。"

我又笑了笑，说："给你讲个故事吧。我有个朋友的女儿从小弹钢琴，现在钢琴已经达到九级水平，他对此自豪得不得了，大家也都夸他的女儿简直是个音乐天才。然而，我有个在音乐学院当教授的朋友，当我问他钢琴九级是不是很厉害时，他笑着跟我说，考级那些测评都是给业余爱好者准备的。九级水平的话，在我们音乐学院，就算最不起眼的学生，弹琴的水平也要比那个九级水平的高很多，否则根本达不到我们的录取标准，毕竟我们是专业的。"

停了一下，我接着说："所以业余的最高水准，可能连专业水平的最低门槛都达不到。因此，不要轻易将自己视为专业人士，除非你已经具备了相应的能力和认知。这是两个不同的阶段，有质的区别。而以我对你们这个行业的了解，没见过谁一年之内就能成为专业人士的。专业人士和业余选手的区别在于，他不仅知道自己的优势在哪里，更知道自己的不足与缺陷，尤其对专业领域里那些深入且细微的环节有着极为深刻的认知。你呢，你觉得自己现在处于哪个阶段？"

这次谈话结束后，接下来他有没有朝着专业人士的方向去努力，我不清楚。但我想就这个话题继续谈下去，谈谈我所理解的成功。

从业余到专业的这一跨越，绝大多数人都想实现并且正在为之努力，这是另一个成功的底层逻辑。只是，有人会像我的学弟一样沉不住气，缺乏耐心。他们不知道，**成功和伟大，往往都是"熬"出来的，不是大火爆炒，是小火慢熬。** 熬这个字一看就不舒服，总让人想到煎熬，是的，这个状态可能不很美好，但美味的汤都是熬出来的，专业人士那扎扎实实的基本功也都是熬出来的。

这种煎熬，除了要忍受浮躁社会的喧嚣和躁动，耐得住寂寞，还要在和"牛人"对比的时候，耐得住自卑和绝望。不卑不亢说起来容易，能做到的人都是了不起的。

拥有淡定从容的心态，以一种非常平和的态度去接受外界的各种刺激，同时紧锣密鼓且踏踏实实地不断吸收和消化专业养分，这是成为专业人士的必经之路。

很多人终其一生的目标，就是想变成专业人士，并期望通过这个途径获取"自由和成功"的回报。然而，事实恐怕要让他们失望了。虽然，专业人士能享受到诱人的高薪待遇，但他们离真正的自由与成功还有着遥远的距离。

获得高薪是对你能力的一种极大认可，但真正成功的人是让自己成为资源整合者，成为商业活动的直接发起者和促进者，他们能够将不同的资源和能力凝聚在一起，产生非凡的影响力。成功可以是自己创办了公司，也可以不是，在这里，形式不重要，重要的是要充分领悟出成功的真正含义。

比如，手里有资金的人可以成为项目投资人；出色的律师、会计师或业务骨干成为企业合伙人；甚至是那些能够组织起木工、泥瓦匠，成立装修队的包工头，他们都是资源整合者。我们需要做的是根据自己手中的资源，结合自身的专业能力，不断地进行资源整合。**只有善于整合资源，你才有机会实现从一个层级到另一个层级的跨越。**

在秦皇汉武那个年代，要修建长城只有皇帝能办到，但现如今，只要你能说服众人，包括陌生人，加入你的行列，他们便是被你整合的资源，你就能实现惊人的壮举。

当然，这一切的前提是你已经具备了一定的积累，并且拥有自己的核心竞争力，如此，你才能充分调动拥有的人脉、技术、资金等资源，共同果断行动。比如，擅长技术的你想要开公司做项目，或许你并不精通管理和营销，那就去寻找擅长这一领域的人才，并吸引到愿意为你们投资的合伙人，如此一来，你便成功地完成了一次资源整合。

通常情况下，这种资源整合往往被视为创业或并购，但为什么我在这里说的是资源整合而不是创业呢？这是因为强调"资源整合"这个概念，能让你对它印象更深刻。一旦你有了这个意识，那么不管处于哪个阶段，哪怕是在业余迈向专业的路上，都可以一直留心积累资源，总有一天，这些资源会让你厚积薄发，回过头来你会发现所有辛苦走过的路都意义非凡。

贴上错误的标签，得到糟糕的人生

当你给自己贴上标签的那一刻，就等于告诉自己你是怎样的人，也预示着你将会有怎样的结局。这个标签也会告诉别人，让别人对你产生一种固定不变的印象。

我们举个例子。生活中有很多人性格相对安静，以至于他们给自己贴上了一个"内向"或"不善言辞"的标签。一旦你的大脑中有了这样的意识，你会发现这个标签会自动自发地不断出现，很可能影响到你生活的诸多方面。

例如，当一位男士遇见一位心仪的女孩时，无论他提前做好了多充足的准备，多么期望能追求她，但是当他走到她面前开口要表白的时候，他大脑中的标签就会跳出来告诉他："你是内向的，你不善于沟通。"

即便他可能已经准备了很多甜言蜜语，但最终只是结结巴巴地打了个不痛不痒的招呼，而那位女孩也会因此给他贴上"他不太善于沟通""他很无趣""他不自信"等标签。你觉得在这样的情况下，他们还会有快速的发展吗？

同样地，带着这样的标签，在职场或商业环境下，他给人的印象往往是不够积极主动。同时，有一些好的想法，一些特别棒的点子，就因为自己很难充分地表达出来，会因此失去很多成长甚至是成功的机会。

给自己贴标签相当于给自己画了一个圆圈，潜意识里你只能在这个圆圈里活动，很难跳出去。这就是有些人一辈子似乎没有太大变化的原因。

特别是当一个人觉得自己不具备某种能力时，便会为自己寻找借口，进而给自己贴上标签："我不擅长做某事""我形象欠佳""我学历低""我脑子不够快"……

很奇怪吧，人们总会为自己贴上各种各样看不见的"标签"，来说服自己"我不行"。这些标签会限制你的行动，扼杀你的潜能。但是人们又特别依赖它们，因为它们的存在，会让自己活得轻松自在。

正如人们不会要求兔子能游泳那样，人们也不会要求自己去做那些看似"我不行"的事。可是，**那些看似"我不行"的事，往往才是真正让一个人取得成功的事。**而这种"我不行"，只是人们在意识中自己给自己贴上去的标签而已，并非真的不行。

在你的生活中，一定遇到过这样的例子：你自认为你很了解的某个人，在多年之后做了某件成功的事，或取得了某种成就，超乎了你的想象。很自然的，你会想："他看起来没什么能力，怎么能混得这么好！"

让你感到不可接受的，并不是对方比你出色，而是对方突破了你给他设定的标签。人们不光爱给自己贴标签，还喜欢给别人贴上各种各样的标签。当别人通过自己的努力，成功地撕掉了那张你为他量身定制的标签之后，请你反过来想，**你自己给自己贴的那些标签，是否还有存在的意义呢？**

也许很多人会反驳我说，如果一个人不能真正地看清自己，往往会不自量力，那样做起事来失败的概率更高，摔得更惨，所做的一切纯粹是浪费时间和精力。是的，我之前说过定位的问题，你的确要先搞清楚你擅长什么，在哪里能够发挥出你的优势。

但是这种定位是积极的，和你随意给自己贴上的那些负面的、消极的标签是截然不同的。让我们换个思路来想，**如果你真的那么在意那些标签，若给自己贴上一些积极的标签，你会怎样？你的行为又会有哪些变化？**

比如，你虽然很内向，不爱说话，但是你不去给自己贴这样的标签，

你的人生赢过吗？哪怕只有一次

你告诉自己：我要去认识更多的人，因为认识更多的人会让我的生活变得更为丰富，可以在事业上得到更多帮助，会让我得到更多有价值的信息。

当你在大脑中贴上"我爱社交"的标签之后，它便会如同启动了开关一样，引领你主动出击，拓宽你的社交圈子，让你有机会认识更多的人，同时加深了与熟人的关系。于是，你的人际关系网络慢慢形成，你不再感到孤单和内向了，你开始乐于助人，高兴与他们分享你的信息和观点，他们也会帮助你，与你分享资源和见解。逐渐地，你也可能会成为一个热爱表达、善于沟通的人。

积极的标签就是积极的心理暗示，它就像一颗种子，一旦植入你的大脑中，就会生根发芽，结出积极的果实。这就是成功的逻辑。

我们常常会听到这样的话，"没钱怎么干大事啊"，很多人同意这样的观点，因为他们的认知不足，所以给自己贴上了"我没钱，所以我无法成就一番伟业"的标签。

但是，你好好想一想，在人类的历史上，是不是也有很多白手起家、没有背景，仅仅依靠自己的智慧和双手最终成功的人。这样的例子不胜枚举，也许在许多人眼中，认为这些都是虚构的"鸡汤"，但我必须告诉你，这些故事中绝大多数都是真实的。

远的不说，你可能听说过冯仑这个名字，或许还看过他的演讲吧。作为万通集团的创始人，他在我国的房地产界颇有名气。而冯仑最传奇的经历是，他仅用3万元作为起始资金，便踏入了房地产行业。

1991年，冯仑和好友王功权到海南创业时，两个人的资金加一起只有3万元。即使是在90年代初，3万元要做房地产，听起来也是天方夜谭。按照常人的认知，这样小的启动资金，只适合做一些小本生意，对不对？

但是，想有所作为的冯仑并不想错过眼前充满潜力的海南房地产市场发展机会。于是他想了个办法，把眼光投向了拥有雄厚资金的信托公司。于是他找到一个信托公司的老板，先是向对方娓娓道来自己的辉煌经历，这些成就足以让对方刮目相看；接着，他又向对方细致地阐述眼前的房地产商机，声称自己手上有一个稳赚不赔的好项目，说得对方心动不已；随后，他提出一个合作方案：这个项目大家一起做，我出资1300万元，你出资500万元，你看如何？

这样好的生意，对方又是有着成功经商经历的人，还有什么不放心的，于是信托公司的老板慷慨地掷出了500万元。而冯仑则拿着这500万元，让王功权到银行做了现金抵押，又贷出了1300万元。他们用这1800万元，买了8幢别墅，经过精心策划和包装再转手卖出，轻轻松松赚到了300万元，这些资金为冯仑日后的创业打下了良好的基础。

冯仑的经历向我们证明了两点：一是不要自我设限，要勇于尝试那些看似难以企及的事，这样才能实现自我突破；二是当遇到资金、经验、关系等问题时，你需要积极应对，主动寻找解决方案，而不是被这些问题所困。

如果你想走向成功，就必须撕掉那些消极的标签，和你意识中被束缚住的自己"一刀两断"。**唯有突破固有认知局限，才能突破你的人生。**

改变，是告别焦虑的有效方法

生活中，我们每个人都体验过这样的心态：

恋爱的时候，一旦不能及时收到对方的信息，便开始作多种假设，以至于胡思乱想，情绪低落，什么都干不下去；

面对即将到来的求职面试或升学考试，心里没底，因害怕失败而显得焦躁不安，怎么也放不下心来；

从未出过远门的孩子，一下子去了外地学习和生活，当妈的总是担心他是否适应和顺利，起初只是叨念，但不久这份担忧逐渐转化为烦躁与不安，甚至夜不能寐，出现失眠。

明天就要进行新工作岗位的技能测评，马上要参加一场复习得并不充分的考试，即将要在一个重要会议上演讲，过两天要去求职面试，晚上要和刚认识的对象见面……这些看似不同的场景，都容易让人陷入一种情绪状态——焦虑。

让你焦虑的，很多时候并非自身的不足或缺陷，而是你对未知的、将要发生的事情产生的一种畏惧失败的心理。

要消除焦虑，有一个有效的策略就是把最坏的情况设想出来。我们常说，"大不了能怎么样"，**如果你能坦然接受最糟糕的结果，那么焦虑自然会随之减轻。**

比如，你下周面临一场考试，而目前你的准备不是很充分，感觉要挂科。这个时候，你可以假想一下没有通过考试、成绩不及格的结果，这种结果你要是能接受，那么你可以选择痛痛快快地玩上一晚上而放弃复习。但这样做，难道不会让人觉得你缺乏进取心吗？

告别焦虑的积极解决之道绝不是"破罐子破摔"，而是需要我们勇于面对，积极做出改变，唤醒你内心的积极意识，集中精力解决问题。

有位心理学家曾经调查过那些体操比赛中获胜者和失败者在赛前的焦虑程度，结果发现两者的焦虑水平相当，但他们应对焦虑的方式却截然不同。

那些表现不佳的运动员在比赛过程中，总是在想象自己表现得如何不好，从而陷入近乎恐慌的状态。而那些获胜的运动员在比赛进程中，不会过度关注自己的焦虑，他们把所有精力集中在必须要做的准备上，并且将自己要做的事情分成一系列细小的步骤，逐个完成，通过转移注意力，把焦虑情绪转向实施具体任务，从而成功地克服了自己的焦虑。

想想那些参加体操或跳水比赛的选手，如果第一个动作有点小瑕疵，得分不高，然后就陷入焦虑，那后面的比赛还怎么比呀！**胜利往往不取决于第一个动作是否能拿最高分，而是属于那些能合理分配精力，将表现发挥到极致的选手。**

所以，当你再遇到让你焦虑的事情时，不妨采用"少想多做"的策略，或许得到的结果更好。因为焦虑和唉声叹气，是解决不了任何问题的。比如，同样陷入人生的低谷，有的人就会一直陷入焦虑情绪中走不出来，而有的人则会用行动改变现状，摆脱焦虑和困境。

40多岁的马克曾是一名普通的办公室职员，生活平淡而稳定。然而，一场突如其来的经济危机让他失去了工作，使他的生活陷入混乱。年龄偏大又赶上经济环境不好，马克在很长一段时间里，都没有找到工作，他甚至连面试的机会都没有得到几个。

与此同时，家庭的经济压力和不断累积的账单让马克感到了前所未有的焦虑，他几乎夜夜失眠。相信遇到这样的情况，很多人可能会一蹶不振，过上"摆烂"的生活。但马克却没有。

他开始重新思考自己的生活和未来，意识到要从困境中走出来，必须做出改变。因此，马克决定转变职业道路。他以前一直对数字营销充满兴趣，于是开始自学相关知识。他白天在便利店里做临时工，晚上则花时间学习和深入研究网络趋势，以及搜索引擎优化（SEO）和社交媒体投放等网络营销的核心技能。

由于缺乏工作经验，在最初的转行尝试中，马克遇到了不少挑战。不过，他还是成功地找到了他的第一位客户——一家小咖啡馆的老板。这位老板希望通过网络营销提高销售额，他抱着试一试的态度，给了马克一个机会。

马克首先分析了咖啡馆的目标客户群，然后在社交媒体上为咖啡馆创建了具有吸引力的品牌形象。他制作了引人入胜的内容，包括咖啡制作的幕后故事、顾客的优质评价，以及特色咖啡的介绍。马克还利用搜索引擎优化技术，提高了咖啡馆网站的搜索排名，使其在搜索引擎中更容易被潜在客户发现。此外，他还组织了线上促销活动，吸引来了大批新客户。

马克的努力最终获得了回报，几个月后，咖啡馆的销量有了明显的提升。这不仅让马克成了咖啡馆的固定营销合作伙伴，更关键的是，通过这件事，马克收获了巨大的信心和动力。

随着口碑的传播，更多的小企业主开始聘请马克为他们提供数字营销服务。几年后，马克成立了自己的数字营销公司，为更多中小企业提供服务。他的公司不仅帮助客户建立起强大的营销网络，还帮助一些企业在竞争激烈的市场中脱颖而出。

你看，当我们陷入困境时，与其一直焦虑不安，怨天尤人，不如用实际行动来尝试改变自己，结果或许完全不同。

记住，多晚开始的人生都不晚，千万别让焦虑主导你的生活。

第三章

告别舒适：成为一个自制力强大的人

有兴趣不付出，注定一事无成

我有一位认识很多年的好友，说起来，他的工作履历颇为丰富，从事过记者、销售、经纪人等十几种工作，开过酒吧、咖啡馆、玩具店，创业过很多次。但至今，他没有一份工作或生意能超过两年。

有一次，我们俩聊起过往，我赞叹他是"三百六十行，行行都体验"。听完，他有点不好意思地说："我呀，就是做什么都只凭兴趣和感觉，爱一行就去干一行，没过多久有了新的想法，或是看不到收益就不干了。"

如果单纯从体验人生的角度来看，我认为他的做法并没有什么错。只不过，人到中年，看着周围很多人家庭事业都稳定，甚至有些人在某领域还取得了一些成就，他内心深处难免会有一些焦虑。

如果说今天凭着自己的兴趣去做一件事，后天没兴趣了又调转方向去做别的事情，我觉得这样的方式，是很难让一个人成功的。到最后，这些"跳来跳去"的人还是找不到方向，也就只能"躺平"和"摆烂"了。

你真的以为享誉国际乐坛的钢琴大师郎朗，从小就对钢琴充满了热爱吗？事实上，郎朗的成功并不是兴趣使然，而是建立在日复一日刻苦练习的基础上的。年少时，郎朗每天至少要投入数小时在钢琴练习上，他甚至对弹钢琴产生过强烈的抵触。

很多人都有一种错觉，认为自己现在的平庸，是因为没有找到对的路径，或是自己的大方向错了，所以才会不成功。但其实这些人都忽略了一个真相，成功并不完全依赖于你对某件事物的兴趣，而是需要具备一定的天赋、明确的目标，以及坚定的自制力，这三样缺一不可。

你一定喜欢"飞侠"科比·布莱恩特，这位通过1996年选秀进入美国职业篮球联赛（NBA）的巨星，在他长达20年的职业生涯中，共获得5枚总冠军戒指、两届总决赛最有价值球员、四届全明星最有价值球员，18次入选全明星阵容，可以说他是我们这个时代最有影响力的运动员之一。

科比凭借两米的身高、强健的肌肉以及出色的协调性，展现出在篮球运动上的非凡天赋。另外他深受父母的影响，喜欢洛杉矶湖人队，也崇拜"魔术师"约翰逊，从小就梦想自己有朝一日也能成为NBA大联盟的球员。为此目标，科比付出了艰苦的训练。

但是如果只凭兴趣，不足以让科比成为NBA历史上最伟大的球员之一。你要知道，在美国，从事篮球这项运动的年轻人数量庞大，同时，也有很多有天赋的孩子从小就开始打球，他们都有一个共同的梦想，那就是进入NBA，成为篮球巨星。但是为什么只有很少的人，像科比·布莱恩特、拉里·伯德、迈克尔·乔丹成了美国篮球界真正的领军人物呢？

答案就是自制力。

有记者曾采访科比："你为什么能这么成功？"科比微笑着反问记者："你知道洛杉矶凌晨4点是什么样子的吗？"记者摇摇头，好奇地问："不知道，是什么样子的？"

科比笑着回答："其实我也无法准确描述，大概是满天繁星，街道上行人稀少。但我知道，每天当洛杉矶还在凌晨4点的黑暗中沉睡时，我已经起身，行走在寂静无人的街道上。一天过去了，洛杉矶的黑暗没有改变；两天过去了，黑暗依旧如初；十多年过去了，洛杉矶凌晨4点的黑暗从未改变，但我，却从一个普通的孩子，变成了肌肉强健、体能充沛、力量惊人且拥有高超投篮命中率的运动员。"

现在你明白了吗？具体来说，科比一直在坚持自己的"666魔鬼训练"：每周6天，每天6小时，每次6个阶段。甚至假期，他仍坚持每天做4000次投篮、400次深蹲、300次卧举训练。当别的球员在聚会、度假时，科比都在刻苦训练。

你觉得这是对篮球的热爱？这是兴趣？错了，这是自制力，是一种典型的自我约束的能力。没有这种自制力，职业球员的运动寿命会非常短暂，或许只能维持三五年的高光时刻。

可能还有人记得肖恩·坎普，他曾经是NBA著名的"扣将"。他在最初的赛季每场能得20分以上，表现出色，令人眼前一亮，很多人看好他，觉得他前途无量，甚至能成为像奥尼尔、乔丹那样的球员。但是几个赛季之后，大家就在赛场上看不到他了，无节制的生活让他变得肥胖，而吸毒和纵欲让他的运动能力快速下降，最终，他不得不提前结束了自己的篮球职业生涯，更令人唏嘘的是，他还宣告了破产。

人们总是希望自己能找到正确的人生道路，充分发挥出自己的天赋，但却从来不去思考自己拥有怎样的自我管理水平。**你之所以时常感到迷茫，是因为缺乏对自己的有效管理，无法做到自律**，而不自律的特征之一就是缺乏耐心。

当你缺乏耐心时，最明显的变化就是——你会对眼前的工作和生活失去信念和热情，你会感到沮丧和彷徨。在你还没能体会到实现小目标的成功和快乐时，你就已经开始放弃你过去所付出的努力了。

缺乏自制力的人有个显著的特点，那就是"经常否定自己"，当你出现这样的情况时，你务必做出改变，否则你的自信心将会逐渐减弱，甚至缺失，人生也可能会偏离你原本设定的发展方向，最终失去控制。

自制力越强大，成功会离你越近

在我们克服种种挑战和困难的过程中，"我不行了""我无法再坚持下去了"是我经常听到的话。

一位舞蹈演员因为无法忍受每日的艰苦练习，而选择去餐厅当一名服务生；

一位已婚男士因为觉得婚姻太平淡，背叛了自己的妻子；

一位中学生因为学习的枯燥而沉迷于游戏，中断了自己要取得优秀成绩的学习计划；

一位女士因为抵制不住美食的诱惑，放弃了自己的减肥计划；

……

是的，这些人，他们坚持不住了。

从他们的角度和说话的语气来看，他们中途放弃一件事情或一项计划的根本原因，全都是由外部因素造成的，而没有从自身进行反省，思考到底问题出在哪里。

世界每天都在不停地运转，太阳每日照常东升西落，你身边的人匆匆走过，没有谁来阻止你终止自己的计划，或阻碍你前进的脚步。然而，正是你自己，从这些外部因素中寻找到了理由，为自己摆脱压力和疲惫找到了借口，从而放松了对自己的要求。

其实，并不是你撑不住了，而是你的自制力撑不住了，被自己薄弱的自制力打败了。**很多时候，你放弃一件事情、一项工作或计划，内心深处并不情愿，但是你薄弱的自制力让你举了"白旗"，向自己宣布投降。就这样，你一次次品尝着失败的滋味。**

当我们认可了自己的能力和天赋，确认了自己的发展方向，我们所需要做的，就是按照计划去行动。而确保你实现这些计划的，正是强大的自制力。你会发现，正是薄弱的自制力，往往成了生活中很多问题的根源。

我并不是夸大自制力的作用，举最简单的例子你就能理解了。拖延是不是很常见？我知道很多人都抱怨自己或多或少存在拖延的问题。产生拖延的原因有很多，其中最常见也是最主要原因之一就是自制力差。

比如，你做好了计划，10天时间要完成一篇论文的撰写。按照计划，你可以安排每天完成这篇论文的1/10，这对你来说应该是绰绰有余的任务量。但是，往往直到计划结束前的一两天，你可能还会有超过一半的内容没有完成。当然，包括你在内的很多人可能都会出现这种拖延的状况。

问题并不在于计划不合理，也不在于预留的时间不充裕。对于大多数人来说，总是能够给自己找到各种借口或理由来逃避执行手上的工作，导致任务不能按照计划保质保量完成。

往往在开始执行计划的时候，你会暗示自己，时间绰绰有余，于是你可能会心安理得地先去刷一刷网剧，打一打游戏。随着时间的推移，你突然觉得时间有些紧迫，需要开始加速工作，这时候，你可能会马上让自己忙上一阵儿，但是很快，休息和娱乐的诱惑再一次让你丢下手上的工作。你认为暂时逃避几分钟不会有什么影响，但随后你很快会意识到几十分钟，甚至几个小时一眨眼就过去了。

到最后，完成工作的时间所剩无几。此时你陷入了焦虑，并对自己的"拖延"产生深深自责。可是，再次面临新的任务或工作时，你会再一次陷入到这种拖拖拉拉的状态中。

归根结底，还是你的自制力不够强大，不能很好地控制你的时间，分配你的精力，稍有一点诱惑，就会导致你丢下手上该做的事情。

所以，我要告诉你一件很重要的事：无论你的目标是大是小，计划是长是短，如果你想出色地完成它们，都必须想办法告别薄弱的自制力。

如果要问谁是自制力强大的代表，我会首先想到阿诺德·施瓦辛格，这个名字在我的心中代表着极强的自制力与坚定的决心。

施瓦辛格出生于奥地利的一个小村庄，家境并不富裕。早年间，施瓦辛格就展现出了对健身的极大热情。在那个时代，健身并不像现在这样普及，健身设施和器材相对匮乏，但这并未阻挡他对健身的热爱。从青少年时期起，他就开始在健身上投入大量时间和精力，并对此展现出了非凡的自制力和毅力。

他对自己的训练要求极为严苛，通常一天两次，每次持续数小时。这些训练不仅仅包括重量训练，还包括有氧训练和核心训练等。即使在那个健身资源相对匮乏的时代，施瓦辛格也能创造性地利用可用的设施和环境，坚持他的健身训练计划。

施瓦辛格对健身的执着远超常人。即便身心疲惫至极，他也坚持训练，即便天气恶劣，他也始终如一，从未放弃任何一次训练。他对自己的身体极限有着准确的了解，并且总是敢于挑战这些极限。在饮食方面，他同样表现出了高度的自制力，他严格遵守高蛋白、低脂肪的饮食计划，几乎从不碰垃圾食品。

他的努力最终得到了回报。年仅20岁时，施瓦辛格就赢得了他的第一个"奥林匹亚先生"称号，成为该奖项史上最年轻的获得者。这一成就不仅是对他身体力量的肯定，更是他坚韧不拔、自律自制的最好证明。在这一过程中，他不仅需要战胜对手，更需要战胜自己内心的脆弱和懒惰。

施瓦辛格来到美国之后，他想从一位健身明星转变成为一位影视演员。对他来说，这真的是一次全新的挑战，由于施瓦辛格的母语不是英语，词汇量有限，且发音不够准确，这让他很难成为主角。

为了提高英语水平，施瓦辛格又一次展现出了非凡的自制力和毅力。他投入大量时间和精力来学习语言，不仅在课堂上认真学习，还将英语学习融入日常生活中。他坚持每天阅读英文书籍、收听英语广播和观看英语电影，努力营造一个全方位的英语环境，让自己沉浸其中。即便在拍摄现场，他也经常携带英语词典，随时查阅不熟悉的单词。

为了改善发音，施瓦辛格参加了语言培训班，并请语言教练定期帮助自己练习发音和对话。他对自己的要求非常严格，决不允许自己因为语言障碍而错过任何拍戏机会。这种对学习的执着和自制力，最终帮助他在电影中的语言表达自然流畅，赢得了观众和评论家的认可。

除了语言技能，施瓦辛格在演技方面也面临着挑战。初入电影行业时，他多被定位于肌肉型人物的角色，但他有着更高的志向。为了突破单一的人物形象设定，他开始致力于提升演技水平。

施瓦辛格投入大量时间进行演技训练，参加了多个演艺工作坊和演艺培训班，学习表演的各种技巧。在与经验丰富的演员和导演的合作中，他努力学习他们是如何理解角色和传递情感的。他的自制力体现在对细节的关注和对完美的追求上。即使在繁忙的日程安排中，他也总是找时间练习剧本，研究角色。

这样"变态般"自制的人，注定会走向成功。随着语言和表演的日渐成熟，施瓦辛格陆续得到了一些重要的表演机会。他在电影《魔鬼克星》和《终结者》中的突出表现，彻底改变了人们对他的看法，而他也从一位健身运动员成功转变为一位国际电影明星。

如果你的身边有一位自制力极强的人，他可能就是像施瓦辛格一样的"狠人"，这样的人，已经具备了成功的基础。我希望你就是这样的人。

跳出舒适区，才能不断提高自制力

在我大学刚刚毕业的时候，面临一个要不要去国外工作一段时间的选择。如果去，意味着很长时间内，我和父母、家人不能团聚，意味着我和朋友可能会逐渐疏远，同时也意味着，我将会到一个陌生的地方，结交新的人，开始新的生活，他们会不会不喜欢我？我能适应那里的生活吗？

总之，我会失去我之前积累的人际关系，独自踏入一个陌生的国度开始全新的生活，我无法想象那会有多么无趣和寂寞。这并不像是旅游，而是一项需要在一个陌生的环境下生活、工作的挑战。

这让我感到恐惧，我不禁浮现出自己独自行走在陌生城市里的画面，如果生病的时候，身边连个亲人都没有，这得有多么糟糕。而且，我还要适应当地的语言、文化习俗和生活习惯。

但我还是做出了去的决定，我把这次经历视作一次挑战自我的机会。离出发的时间越近，我越是恐惧，我相信你能理解我的感受。当飞机起飞的刹那，我反而变得踏实了，因为我知道自己已经踏出了这一步，剩下的就是坚持。

好在我在出发之前，就已经把自己可能遇到的各种糟糕情况做了应对的准备，因此，我很快适应了崭新的生活。逐渐地，我的工作步入了正轨，我和家人、朋友的联系也借助网络可以实现，慢慢地，我结交了新的朋友，我不再感到孤单和寂寞。

随着时间的推移，我开始慢慢喜欢上那个地方，发现了很多新的乐趣。我利用假期回家和父母朋友相聚，带给他们当地的特产。是的，我已经完全适应了那里的生活，工作进展也很顺利。

两年时间很快过去，离开那里的时候我甚至有些恋恋不舍。当我走下回国的飞机，一种失落感油然而生。

不过好消息是，两年的境外工作经历，不仅让我得到了职位的升迁，还增加了不少阅历，锻炼了自己的能力，当然也结交了不少新的朋友。再想想当时做决定时恐慌的样子，我甚至觉得自己有些好笑。

回顾这段经历，它给我的一个重要启示是：改变往往会伴随着恐惧的阴影，而在鼓足勇气克服这份恐惧，让改变成为现实的过程中，会逐渐适应并发现它的价值。

我一直生活的家和交际圈子就像一个"舒适区"，既有温暖又有快乐，但是我知道，离开这个"舒适区"到圈外工作生活两年，对我的人生和事业会更有帮助，我必须克服这种恐惧，去适应改变的生活和工作。

其实在很多人的心中，都有一个"舒适区"。大多数人的心理承受力和自制力都在这个"舒适区"的范围内，一旦要让自己走出这个"舒适区"，将会感到恐惧，就像我离开家前感受到的那样。

从另一个角度来讲，你自制力的强弱决定了"舒适区"的范围。有的人觉得连续跑步一小时后就浑身不舒服，"跑一个小时"是他的跑步"舒适区"边缘；而有的人连续跑两小时也不觉得累，这或许还远未到达他"舒适区"的边界呢。

试想一下，如果我们有勇气跨出目前的"舒适区"，扩大它的范围，让自己承受更多的压力和艰辛，我们的自制力就会得到锻炼，从而达到新的层次。

这个过程就好像你之前只能慢跑1公里，超过这个距离就会感到头晕恶心，但现在，你需要增加你慢跑的长度，朝着2公里的目标努力。当你连续跑2公里都不会感到痛苦时，跑1公里对你来说就轻松多了。在从1公里扩展到2公里的过程中，你的肌肉和运动能力并没有发生太大的改变，真正发生改变的，是你的自制力。它变得更强大了！

但需要指出的是，脱离原有的"舒适区"之后，你往往又会被新的"舒适区"所限制，如果你想让自己的自制力再进一步提升的话，就必须再次挑战并突破新的"舒适区"的界限。或许，你会问，那不就永无止境了吗？

不，**当你拥有越来越强的自制力时，对你来说，你将不再受到任何"舒适区"的限制。**

当然，请不要着急，我们先来一起学习如何跨越现有的"舒适区"，等你逐渐掌握了其中的要领，再去感受自制力不断增长的美妙感觉吧。

或许你会问，我应该要怎样脱离目前的"舒适区"呢？

你能一口气吃成一个胖子吗？你肯定会说，当然不能了，没有一个人能一口气吃成胖子。这就对了，若想走出目前的舒适区，你除了需要对自己提出更高要求，还要一步一个脚印地稳步前行！

首先你要反复在心里对自己说，"我可以连续跑两公里""我可以连续工作六小时""我可以这个月只花1000元"等拓宽"舒适区"界限的话，这样，在潜意识中帮助自己形成强大的心理暗示，从而帮助你减少付诸行动时的心理负担。

不要急于求成，不要想马上能实现你的目标，这就像练习跳远，在你目前只能跳出3米远的时候，你会想着第二天就跳到6米吗？ 那显然不切实际。但是你可以先设定3.5米的距离让自己努力。

你的下一步目标可以设定得更小，比如，努力让自己做到"连续跑1.2公里""连续工作四小时""这个月只花1500元"等，然后为这个阶段设定的目标而努力，当你达到了阶段目标之后，再继续努力实现下一阶段目标，总有一天你将会大幅跨越现有"舒适区"。

最后需要强调是，这个练习的目的是让你跳出当前的"舒适区"，大大增强你现有的自制力，而并非去挑战人类的极限，所以你的目标应当务实而不能太过夸张。举例来说，如果你想把自己训练成为短跑选手，并想成绩超越世界纪录，这样的目标实现起来颇有难度。

这个目标为什么很难实现呢？因为它基本上脱离了你的现实，如果你现在并不是短跑运动员，但是你年轻，有运动天赋，你可以通过艰苦的训练，让自己成为业余短跑选手。但要想成为顶尖的职业运动员，甚至打破世界纪录，除了需要天生的身体条件和过人的天赋，还需要从小就开始接受专业训练。如果你现在才有这个梦想，实在太难做到了。不是吗？

不要成为一个自我放纵的人

你读过法国作家安东尼·德·圣埃克苏佩的作品《小王子》吗？其中有一段情节令我印象深刻：

小王子访问的某个星球上住着一个酒鬼。小王子看到他的时候，他正坐在一堆酒瓶面前。那些酒瓶有些是空的，有的装着酒。

"你在干什么？"小王子问。

"我喝酒。"他看起来很忧郁。

"你为什么喝酒？"

"为了忘却。"酒鬼说。

"忘却什么呢？"小王子有点同情他。

"为了忘却我的羞愧。"酒鬼低下头。

"你羞愧什么呢？"小王子追问，他很想帮助酒鬼。

"我羞愧我喝酒。"说完以后，酒鬼再也不理小王子了。

"这些大人确实真叫怪。"小王子一边自言自语，一边迷惑不解地离开了。

是啊，当我们是孩子的时候，也许跟小王子一样，觉得那些大人真是奇怪，**明明一喝酒就后悔得要死，却还是要不停地喝；明明一直为减肥苦恼，却还每天放纵自己大吃冰激凌和奶酪；明明吵着没时间工作和学习，却还浪费大量时间做一些毫无意义的事情**……我们不知道这些大人到底是怎么回事。

现在，你可能已经明白，这些人都有一个共同点，那就是放纵自己。所谓放纵自己，就是明明知道某些习惯对自己不好，某些行为会破坏自己的成长，但还在给自己开"绿灯"，做那些本不应该去做的事情。

和拖延一样，放纵自己的一个重要原因，也是因为自制力出现了问题——你向那些对你有诱惑的、会产生不良结果的事情不断妥协，并一发不可收拾。

如果你觉得这只不过是一些生活小节，人活着应该对自己好一点，放纵自己的某些喜好也没关系，那么请来看看拿破仑·希尔的一项调查。

他曾经对美国各州上百所监狱的16万名成年犯人的性格做过研究。**他发现了一个惊人的现象，这些犯人中的90%都缺乏必要的自制力和忍耐力，他们总是一再纵容自己，终于到了不可收拾的地步。**

事实上，的确如此，很多人在人生路上停滞不前，甚至急转直下的一个原因，可能就是从小的自我放纵慢慢积累造成的。比如你明知道常常喝酒不好，但可能从偶尔的一顿酒开始，你体会到了喝酒所带来的身心上的轻松，然后逐渐默许自己经常喝酒，并且越喝越多，到最后，你甚至成了酗酒的酒鬼。

如果你是一位正在上学的学生，从一个个小的放纵开始，你的自制力会逐渐被瓦解，比如最初只允许自己每天玩10分钟电子游戏，看10分钟短视频，到最后纵容自己每天花几个小时沉迷于这些让你感到愉悦的事物上，从而荒废了学业。

如果你正在开创你的事业，上班也好，创业也罢，你更要警惕。很多人在事业上遭受失败的一个常见原因，也是因为他们放纵自己，对自己的要求逐渐放松，对目标不再关注，最终自毁前程。杰森的经历或许能带给你一些启示。

杰森毕业于国内顶尖的商学院，成绩优异，这使他轻松进入一家国际知名的跨国公司就职，开始了令人羡慕的职业生涯。

起初，杰森在公司里表现得非常出色。他聪明、勤奋，迅速掌握了工作中的各种技能，并以独特的视角和创新思维为公司解决了一系列复杂的问题。不到两年的时间，他就被提拔为项目经理，管理一个重要的国际项目。他的同事和上级领导都非常欣赏他，认为他是公司未来的明星。而杰森也信心满满，他的目标是在35岁之前进入公司的董事会，并成为行业里的领军人物。

然而，随着时间的推移，杰森逐渐变得骄傲和自满，认为公司取得的成绩全都是因为他个人的才华和努力，而忽略了团队合作的重要性。他开始对同事的建议不耐烦，甚至在一些重要会议上公开贬低他们的想法。杰森的这些行为逐渐导致他与团队成员之间失去了信任，合作出现障碍。

更糟糕的是，随着杰森获得越来越多的成就，他开始放纵自己。他频繁参加各种派对，过量饮酒，甚至常常夜不归宿。在工作上，他开始迟到、早退，忽略工作中的重要细节。渐渐地他的生活失去平衡，而他似乎并没有意识到这一点。

公司最初对杰森的行为选择了一种宽容的态度。他们发现杰森的个人品行正在发生变化，但考虑到他之前的出色表现，管理层选择了暂时的观望。他们希望这只是一个短暂的阶段，杰森很快就会重拾往日的专业精神。

不过，事情没有像大家期望的那样，杰森依然享受那种自我放纵的生活，他对手上的项目和行业的变化漠不关心，这严重影响到了他的工作效率和质量。他经常迟到，有时甚至缺席重要的会议。他对待工作的态度变得消极，对细节的关注大大减少。这些行为开始影响到他所负责的项目，导致关键的决策被拖延，重要的客户关系因他的疏忽而受损。

最终，这些问题累积成了一个巨大的危机。杰森管理的一个国际项目，由于他的失职，错过了重要的截止日期，导致公司与一个重要客户的合同被取消。这一事件不仅给公司带来了直接的经济损失，还影响了公司的市场声誉。这笔损失如此巨大，以至于公司不得不进行内部审计，查明问题的根源。

这一切最终指向了杰森。他的直接上司和同事们提供了充分的证据，显示是因为他的工作失误直接导致了这次损失。这件事成了他职业生涯的转折点，标志着他在公司的快速上升之路的终结。公司高层意识到，无论他过去的成绩有多出色，当前的他已经成为公司的负担。

杰森被剥夺了他的管理职位，降为普通员工，但即便如此，他仍未能及时意识到自己的问题。他继续过那种放纵的生活，直到最后，公司不得不做出艰难的决定，终止了与他的雇佣合同。

杰森的经历是一个提醒：成功不仅仅是靠才华和努力，但要长久保持成功更需要自制力来支撑。如果你开始放纵自己，哪怕一点点，都有可能让你之前所做出的成绩土崩瓦解。

那么应该如何避免放纵自己呢？首先，你应该牢记你的目标，每天温习你的目标，让你的行为遵从于目标的指引，并且尽可能地远离那些诱惑。比如你要戒烟，那么你可以每天多次提醒自己，甚至让身边的人监督你，帮助你坚守戒烟的承诺。对于那些经常和你一起吸烟的朋友，你可以告诉他们："请不要叫我一起去吸烟了，我在戒烟。"此外，你还应该远离容易诱发你吸烟的物品和环境，比如酒、咖啡，以及棋牌室等吸烟常发的场所。

很多人烟戒了不久就复吸的原因，往往只是纵容自己又抽了一支，仅仅一支。他们找回了那种感觉，然后给自己开"绿灯"，1支、2支、3支……从此一发不可收拾，最终回到了戒烟前的状态。

结论就是，如果你想实现你的目标，无论大小，不要给自己放纵的机会。

培养紧迫感，提高自制力水平

我相信，如果可能，你一定渴望自己能够成为最高效能的管理者、技艺精进迅速的歌唱家、成绩提高飞快的运动员、体重掉得最快的减肥者……，你的期望都很积极，并愿意为自己的期望而努力改变。

遗憾的是，你和很多人一样，都怀有美好的期望，也能每天都为这种期望而付诸努力，但就是难以点燃内心那份持久的激情与动力。出现这种情况的主要原因是，你心中缺乏一种紧迫感，在潜意识中缺乏一种不断鞭策自己前进的力量。

帕金森时间定律足以证明这一点。我们常常发现，**人们总是在截止时间的最后一刻才能完成任务**，例如你的计划设定的时间是5天，那么你可能在第5天晚上才能完成任务。如果，同样的任务你给自己设定的时间是3天，那么在第3天你同样也能完成。也就是说，**你给自己限定的时间长度很大程度上决定了你的效率**。但大部分人并不愿意给自己设定明确的时间限制，而是更倾向于给自己更自由的时间完成任务。

但现实是，你没有那么多的时间。

"如果我早点学完函授课程就好了！"

"如果我早点看完那套教材就好了！"

"如果我早点完成那份任务就好了！"

"如果我早点精通那个软件就好了！"

"如果我早点学会那门技术就好了！"

"如果我早点向那位姑娘表白就好了！"

……

每一天，每一分钟，世界上都会有人说类似的话，人们总是抱怨自己某件事处理得不及时，耗费了太多时间。**现在，也请你用自己的亲身经历来"造句"：如果我早点_____就好了！**

如果你不希望自己在未来还要"造"出很多这样的句子，那么从今天开始，增强你的紧迫感。当你的内心深处有了紧迫感之后，在无形之中，你的行动会更有约束力，你会减少拖延行为，你会远离借口，你的自制力会增强。

如何培养出紧迫感呢？这里有两个方法可以帮助你。

首先，我们谁也不愿意活在压力之下，并且确实应该用积极的心态来面对生活。但有时候，"坏的情况"往往比"好的情况"更能够激发人们的自制力。想象一下，如果你今天不做完手上的这份练习，明天的考试注定不及格，这样你还敢拖拖拉拉吗？显然不会，对吗？

在做同样一件事时，我发现那些总是提前设想坏结果的人，比那些总往好的方面想的人，可以坚持得更持久、做得更好。因为他们往往会把事情的结果想得比较差，在这份压力下做起事来会更专心。

如果你对做成一件事的渴望并不极其强烈的话，而同时你又未曾深入考虑过做不成这件事的负面影响，多数情况下，你会对自己放松要求，并心存侥幸地告诉自己："如果失败的话，也可以接受""如果没做完的话，就算了吧"，等等。这个时候，你的自制力就会变得薄弱，最终你只能选择放弃或接受失败。

这里有一项练习，你可以试一试：**思考五分钟，想一想哪些事你之前可以做好，但是你却没有坚持做完，以至于现在的你十分后悔。想好这件事，然后把它或它们写在纸上。**

我相信你至少写了一件让你后悔的事。

说到让人后悔的事，我想起自己曾经在论坛上看到的一段话，这个人是这样描述的：

你的人生赢过吗？哪怕只有一次

"我曾经是全国少年钢琴比赛的获奖者，也热爱古典音乐，为了能把我培养成为音乐家，我的老师要求我每天要练琴至少六小时，但我的自制力没有那么强，坚持不了那么久的练习。为此我和老师大吵了几次，最终我放弃了钢琴学习。我很后悔自己当初没能按照老师的要求坚持下去，因为现在，我做着一份自己毫无兴趣的工作，只为养家糊口，我看不到希望。"

他的经历很具有代表性，试想如果他在当时能够坚持下去的话，他的人生轨迹或许会完全改变，没准他就是下一个郎朗！

也许你也有过类似的经历，那种后悔的滋味确实不好受。既然如此，你是否愿意在未来的某一天，后悔今天没有坚持完成的事？**现在，不妨再花几分钟思考一下，如果你放弃手头的工作或计划，在未来可能会出现的"最坏的情况"是什么，请把你的答案写在完不成手头工作或计划会让你后悔的事情的旁边。然后，每当你感觉自己自制力薄弱时，就拿出来看看吧，或许你会因此产生一种莫名的紧迫感。**

除了用"坏的情况"来鞭策自己以外，你还可以用更形象的方式来督促自己。我听说有一位企业的董事长在自己的办公室里挂着一幅竞争对手的照片，并在这张照片上面写着：**"在你休息的时候，他正在想方设法地战胜你！"**我相信当他每次看到照片和那句话时，会很自然地产生紧迫感吧。

生物学家的研究早已证明，**人们做事时的紧迫感会帮助大脑分泌出一种物质，这种物质可以让人的注意力更集中，自制力更强大，身体的机能也更出色。**大脑中的能量会在这个时间段内集中释放，帮助人们完成平日无法完成的事，甚至创造出奇迹。

试想一下，如果我们能够长久地保持这份紧迫感，就可以让大脑持续释放出能量，推动我们更快速地迈向目标，这难道不是你一直所期待的吗？

为达到这一目标，你可以深入思考生活中有哪些因素能对你产生刺激的效果，激发你做事的决心，一旦找到这些因素，无论是人和事，都将它们标在最显著的位置不断提醒自己，这样，你就能更有效地抵制住惰性，逐渐提升自制力的水平。

唯一不接受借口的，是未来的你

自制力水平薄弱的人有一个共同点，就是喜欢为自己找借口。对于

你的人生赢过吗？哪怕只有一次

喜欢找借口的人来说，会欣然接受自己给出的借口。当你找到借口的时候，你的朋友、亲人、同事、客户也许会很容易被你的借口说服，但不接受借口的，唯有你的未来。

例如，在工作中出现问题的时候，我们经常能够听到各种各样的借口，括号中我列出了使用这种借口所造成的结果，请你仔细揣摩：

"那个客户太挑剔了，我无法满足他。"（失去一个甚至是多个客户）

"我可以早到的，如果不是下雨。"（给对方造成不守信的印象）

"我没有在规定的时间里把事情做完，是因为……"（上司不会再给你机会）

"我没学过。"（失去了自我成长的机会）

"我没有足够的时间。"（让拖延和惰性蔓延）

"现在是休息时间，半小时后你再来电话。"（失去商业机会）

"我没有那么多精力。"（默认自己并不强大）

"我没有什么好办法。"（放弃提高自己的思考能力）

……

其实，在每一个借口的背后，都隐藏着丰富的潜台词，只是我们不好意思说出来，或不愿说出来。借口让我们暂时逃避了困难和责任，获得了些许心理的慰藉。但是，借口的代价却无比高昂，它给我们带来的危害一点也不比其他任何恶习少。总结一下，习惯于寻找借口会从以下几个方面危害你。

- 主动放弃可能成功的机会
- 成为逃避责任的人
- 失去别人对你的信任
- 助长拖延和懒惰的恶习
- 彻底失去自制力和自信心

借口只能让你得到心理上的轻松，但这并不是真正意义上的轻松，是逃避问题和责任所换来的暂时轻松。**本质上讲，寻找借口就是欺骗自己、欺骗别人。**

举个例子来说，你计划用一年时间写一本书，书的主题和大纲都已列好，就等你耐下心来创作了。你甚至和你的朋友都打好了招呼，告诉他们，书出版了之后要送他们每个人一本。你的朋友告诉你，他们为了支持你，决定每个人买上十本。听上去是不是很棒？

但是一年过去了，你的这本书还没有完成1/5。聚会时，你的朋友忽然想起来："你的书写完了吗？"

这个时候你想了想，然后轻描淡写地说："唉，别提了，我这一年实在太忙了，每次想写，就是没时间。"

你的朋友听完点点头："是啊，写书可真是个苦差事。没事，加油，我们看好你哦。"

你这一年真的忙得没有写书的时间吗？事实上，这一年里，你刷了200多集电视剧，看了30多部电影，平均每天打1小时游戏，看30分钟短视频，其间还出去旅行了两次。

你只是用"忙得没有时间"来给自己找了一个借口，但这并不是真的，它是谎言，你在欺骗自己，同时也欺骗了别人。

更可悲的是，大多数时候，我们甚至连自己都相信了自己的借口，所以你才会心安理得地接受自己的所作所为，让借口和谎言成为你的心理依赖，成为你放纵自己的"温床"。

人们之所以善于寻找借口，主要是因为它容易被创造出来。完成一件事你可能需要花几小时、几天、几周甚至几年，为此可能会费尽你的心血，这着实不容易。**但容易的是，你可能只需要几秒钟就能给自己找个借口，而不用再去做任何事。**

然而在这个世界上，没有一个问题是靠借口成功解决的。让我们做个极端的假设，**如果你在战场上，面对穷凶极恶的敌人，这个时候你找借口能有什么用？**

"报告司令，昨天晚上小张打呼噜，让我没睡好，导致我今天发挥失常，没有击中敌人，结果让小张白白牺牲了""报告班长，昨天雨下得太大，战壕没有挖好，结果高地被敌人占领，都是天气不好的错""报告连长，敌人不按常理出牌，夜里偷袭我们，导致我方损失惨重"……听着很可笑吧！在战争中，允许你找半点理由或借口吗？

你之所以能够默认自己找借口，是因为你自制力差，你缺乏急迫感，你没有危机意识。

想想你的目标，你的梦想，你的未来，它们需要你的借口吗？显然不需要，它们需要的是你沿着你的既定方向，持之以恒地付诸行动。有些时候，你遇到挫折，或暂时的不顺利，你要找的不是借口，而是要反思问题出现的症结。

我曾经在一家4A广告公司工作过，公司的老板是我比较钦佩的人，我从他那里学到了不少东西，其中有一条就是不给自己找借口。有一年，公司接了个新客户的项目，是为一家大型洗涤用品公司制作电视广告，广告投放之后，效果非常不理想，调查显示80%以上的观众不喜欢这个

你的人生赢过吗？哪怕只有一次

广告，弄得客户很生气。

老板连夜召集所有人开会，要求大家不要找任何理由，就从广告本身来反思为什么不讨观众喜欢。于是大家开始了激烈的讨论，并根据观众的反馈，找出了很多的问题。最后老板带着一份报告去找客户，与客户探讨了重新拍摄广告的可能性，并表示所有的拍摄和制作费用由广告公司承担。

客户看到了老板的诚意，消了气，于是答应重新拍摄。后来，我们全力以赴紧急为客户制作了一款主打娱乐效果的全新广告，广告播出后反馈非常好。虽然公司在这个项目上受了损失，但是客户留住了，公司的口碑提升了，这么看也并不完全是一件坏事。

当你不给自己找借口时，才会有反思的机会，才有进步的可能。当你实现了自己的目标，你会更加自信，更加肯定自己的能力，对未来也更有信心，而不是徘徊在原地，心甘情愿地接受自己的平庸。

学会权衡利弊，守护好你的自制力

正如我们在前面所讲的那样，自制力对你个人的成长和成功非常重要。无论你是想减肥，想掌握一门外语，还是想考取一个认证，或是想实现职场上的飞跃，都需要自制力来帮助自己。

有了自制力，你可以远离拖延，你可以克服懒惰，你可以避免寻找借口，自动自发地去工作和学习，专注地去做你应该去做的事，帮助你实现短期和长期的目标与计划。

但很多时候，我们的确会遇到诱惑，面临一些突发的情况，对我们的自制力产生考验。最简单的例子：你有一个重要的工作任务，需要在今天晚上完成，但这个时候，你的手机响了，你最好的朋友发来微信，邀请你去参加一个聚会。

是的，你有很长时间没有见过你的好友了，你知道这样的聚会应该非常有趣，此时你的内心开始激烈的斗争："我是按照计划完成我的工作呢，还是先去参加聚会，回来再赶工作？"

可是你知道，如果去参加聚会，一定会玩得很晚，还有可能喝到烂醉如泥，回来根本没法工作。但是如果不去，又感觉失去了一个放松的好机会。

那么你会如何选择呢？是丢下你的工作，还是拒绝朋友的邀请？很难抉择吧?

生活并不是一成不变的，很多时候我们都会遇到一些情况，它们和你的目标、计划，甚至是你的价值观产生冲突。它们的每一次出现都是对你自制力的考验。

如果你是一位已婚男士，一直本本分分。多年后，你的婚姻陷入了平静，甚至让你感到有些无趣。你的婚姻正在经历所谓"七年之痒"的危机，而此时，一位年轻漂亮而又活泼的女性出现在你的生活中，她对你抱有好感，而你也开始幻想与她发生一段浪漫的关系。

在这种情况下，你是坚守你的价值观，维护你原本的婚姻呢？还是打破你的价值观，背着妻子展开一段婚外的恋情呢？你可能由此陷入了内心的矛盾，这种矛盾会不断冲击你的自制力。

在自制力遇到考验，被外界的诱惑不断冲击时，在你的内心开始挣扎和犹豫不决时，你应该怎么做才能帮助自己守护住那份宝贵的自制力呢？

我建议你先停止胡思乱想，试着通过权衡利弊的方式，让自己做出选择。这个思考的过程应该是非常理性的，从行为控制学的角度来说，我们称之为"理性意志"。

具体来说，**你可以拿一张纸，用一条横线和一条竖线把这张纸分成了四个象限。请在左上方的象限里标注"短期损失"，右上方的象限里标注"短期收益"，左下方的象限里标注"长期损失"，而右下方的象限里标注"长期收益"。**

现在，你可以为你犹豫不决的事进行权衡利弊的分析了。比如上面提到的，是完成工作任务还是参加聚会，是遵守婚姻契约还是发展婚外恋情，都可以通过这样的分析给出理性的判断和选择。

使用利弊分析的方法，可以帮助你远离很多诱惑，从而实现对自制力的守护，给你带来你想要的结果。

我有一位经济独立，但存款几乎为零的师姐，就采用了这种方式，帮助自己养成了坚持每月储蓄的习惯，她是这样分析的：

短期损失：我不能随意购买新推出的衣服、化妆品，不能随意出入高档餐厅。

短期收益：我可以每个月固定往银行里存入1/2的薪水。

长期损失：我将逐渐与"时尚潮流"越来越远。

长期收益：我能在一年之内攒够买房的首付，在未来十年内还清贷款。

她把每个月定期存款的短期和长期损失与收益进行了仔细比较，最终说服了自己——坚持储蓄。

现在，她不仅交了首付住进了新居，更令人高兴的是，她的职位也获得了提升。我想，这应该也可以算作她的长期收益，因为当她开始储蓄的时候，我相信她会更专注于工作，大大减少了在购物与享乐上花费的时间和精力，将心思更多地放在了工作中。

权衡利弊不仅是一种帮助我们抵御诱惑、守护自制力的分析方法，更是一种通用的思考技巧，帮助我们更好地解决问题和矛盾。你务必掌握它，因为这种思考技巧能广泛应用于生活的方方面面，无论是选购电器这样的小事还是购买住房这样的重大决策，都能通过权衡利弊来做出最佳选择。

这个世界上没有什么事物是完美的，当你做出选择时，不可能只获得收益而没有任何损失，只不过，权衡利弊的思考方法可以让你得到收益相对较高，损失相对较小的结果。

第四章

提高情商：打造有价值的"朋友圈"

没有人是一座孤岛，想成功必须学会借力

我身怀梦想，充满渴望。

我勤奋努力，不畏艰辛。

我甘于寂寞，勇往直前。

……

但我必须坦诚地告诉你，这些还不足以支撑你取得卓越的成就，你还需要借助他人的力量！

你是世界上最棒的建筑设计师，已经为自己的梦想项目绘制出了一幅宏伟的设计蓝图，然而，要凭你一人之力完成这样一个伟大的建筑工程实在很难。

你需要构建一个"梦想团队"，借助团队的力量共同完成这项浩大的工程。这一点至关重要，不容忽视！

说到这里，你可能会有不同意见，因为你一直认为自己既独立又有能力，很多事情你都做得很好。但我要告诉你一个事实，即使你个人能力再强，如果没有与这个世界的连接，没有别人的协助和支持，你也很难独自成就出一番伟大的事业。

我的朋友Z君是一位"海龟"博士，他毕业于美国麻省理工学院，并在硅谷一家跨国企业工作过多年，拥有出色的学识和技能。几年前，他萌生了回国创业的想法，于是他拿着自己辛辛苦苦攒下的100万美元回到了国内，创立了一家IT技术公司。但是情况比他想象的要艰难许多，公司只经营几个月时间，钱就花掉了一半，但是收益甚微。

他在国内的朋友不多，我算其中的一个，于是他哭丧着脸找我来诉苦。我帮他分析了一下，他的问题没有出在自己的技术和产品的品质上，而是出在了处理人际关系上。Z君有一个极为不好的思维习惯，认为所有的商业关系都可以用钱来维系，只要这方面做好了，就不愁没有生意。

但我不这么认为，因为无论是企业内部的雇佣关系，还是企业外部的客户关系，都不能完全用钱去维护，良好的人际关系应该以情感作为支撑。

我给他讲了很多生动的例子，他终于点头认同了我的观点：良好的人际关系不是用金钱就能买到的，但拥有这种关系往往比金钱更重要。

于是，在我的建议下，Z君把工作的重心从技术上的研发转移到了构建内部和外部的良好人际关系上，他开始积极地联络各方的朋友，参加各种各样的研讨会、朋友聚会，同时注重和员工的内部交流沟通。我也帮助他联系了一些企业，因为我们是朋友。

很快，他的业务开始走上正轨，订单多了起来，Z君现在很开心！当你有想法、有能力、有决心去做某一件事时，若是感到力不从心，很有可能是因为你忽略了最为关键的一点：关系的力量。

很多时候，人的情感力量超出你的想象。也许只是家人的一句鼓励和关心，都能让你在萎靡不振时重拾信心，所以，为你的梦想蓝图而重建人际关系，是一件极为重要的事情，也是你必须要去做的事情。

如果细分一下，你的"梦想团队"可以从以下几个层面构建。

1. 家人

你的家人是你最重要的精神力量，他们不光可以为你提供关心和鼓励，也可以帮你扫除一切后顾之忧，让你为梦想放手一搏。注重和家人的关系，每天多一些沟通，多去关心他们，你会体会到幸福的力量。

2. 朋友

朋友和时间一样，是你珍贵的财富，也是你多年来通过情感和行动所收获的最为重要的成果。朋友在你实现梦想的道路上，可以为你提供情感上的、知识上的、经验上的、经济上的以及建立其他关系上的各种帮助。

3. 同事

无论是平级同事还是上下级关系的同事，他们都有可能是你每天接触时间最长、打交道最多的人，我们没有任何理由忽视他们甚至是排斥他们。好的职场关系，会让你拥有快乐的工作情绪，而好的情绪会让你释放出积极的能量。另外，你可以从优秀的同事那里汲取到有利于你的经验和品质，这些都是无形的财富。

4. 客户

不要把客户简单地和金钱画上等号，这是一种狭隘且错误的意识，功利心会导致你失去重要的人脉。但是你可以在客户和成功之间搭建起一座桥梁，客户帮助你取得成功，而你也在帮助客户实现他们的目标，这是一种彼此成就的关系，也就是人们常说的双赢。

5. 同学

在你的梦想团队中，还有一类人，他们不一定是你联系最紧密的朋友，但却是你认识时间很久的同学。一方面，你既可以把他们变成你的朋友；另一方面，也可以让彼此成为信息的共享者，只要注重关系的建立和培养，他们或许某一天就能成为你梦想最有力的支持者之一。

正如诗人约翰·多恩在他的散文《沉思集·第十七冥想》中所写的那样："**没有人是一座孤岛，自成一体。每个人都是大陆的一片，整体的一部分。**如果海水冲掉一块，欧洲就减小，如同一个海岬失掉一角；如同你的朋友或者你自己的领地失掉一块，任何人的死亡都是我的损失，因为我是人类的一员，因此，不要问丧钟为谁而鸣，它为你而鸣。"

记住，没有人可以活成一座孤岛，要想在有限的生命里实现你的梦想人生，你必须学会与这个世界紧密相接，借助你周围人的力量，组建你的梦想团队。

和这样的人在一起，你会成功得很快

有一类人特别值得我们用心去维护。和他们在一起，你会发现自己能够成长，甚至成长的速度会很快。

刚工作没多久，我有一次跳槽经历，在前后两家公司里的职位是完全一样的。然而，到了新的公司之后，我才真正意识到为什么以前自己的进步不大。虽然两家公司规模差不多，同事们学历差不多，业务内容也基本一样，可是业绩却相差非常大，这是为什么呢？

我感触最深的一点是，新公司的企业文化非常出色。我的上司对下属关爱有加，总是不遗余力地指导我们。每次开会时，他的话语总是直击问题本质，从不言及无谓之事，经常给予我们深刻的教诲和启发。因此，开会时大家都不会低头玩手机，而是专心致志地做笔记。讨论问题时，大家表现得非常积极主动，场面常常热火朝天，沟通氛围既融洽又热烈。从这位备受尊敬的上司身上，我学到了许多宝贵的东西。

回想起以前的那家公司，上司在开会时总是满口官腔，以至于无论他讲的内容是否重要，大家都习惯了心不在焉。他更不可能给予我们专业的指导，因为他似乎害怕我们会超越他，从而威胁到他的地位。至于把责任推给我们、功劳揽在自己身上这样的行为，更是家常便饭。因此，尽管我非常努力工作，但进步的速度并不快。因为不仅没有人给我积极正面的引导，反而处处受到制约和阻碍。

而在新公司的环境中，我发现自己各项技能都得到了迅速提升。不仅仅是专业素养，还包括看问题的视角，以及待人接物的能力等各个方面。对比一下前后两家公司的人员素质和工作氛围，哪里更有利于一个人的成长，也就显而易见了。

这段经历带给我一个启示：经常和你在一起的人的水平，会直接或间接地影响到你的水平和成长。

和蜜蜂在一起会去花丛，和苍蝇在一起会去厕所。你相信吗？如果你能多和优秀的人在一起，你的能力、见识、思维都有可能会得到快速提升。

如果你的认知还停留在用"好与坏"或是"气味相投"来选择你的朋友、构建你的朋友圈，那么很有可能，你不会从你的这些朋友身上得到太多真正有意义的好处。这样说，并不是出于所谓的"功利心"，我也不提倡在生活中戴着"有色眼镜"去与人交往，但是如果你想要快速进步，想要改变平庸的现状，你必须意识到这一点。

著名演说家莱斯·布朗曾言：**"你的收入大约会与你最亲近的朋友们的平均收入相当。"**这句话从侧面反映了我们周围人的品质对我们自身发展的影响。这不仅仅是关乎金钱，更是关乎价值观、思维模式和生活方式。在莱斯·布朗看来，如果你想改变你的现状，应该更多地结交高品质的人。

所谓"高品质的人"，并不是指社会地位高或者富有的人。这里所说的"高品质"，是指那些积极向上、充满激情、具有远见和正能量的人。他们通常对生活有着清晰的目标，能够积极面对挑战，并且愿意不断学习和成长。他们的生活态度和处事方式，会潜移默化地影响你，帮助你形成更积极的人生观和价值观。

在这个世界上，每个人在很大程度上都会受到他们所处的社交环境影响。因此，选择与"高品质"的人交往，对你个人的成长和成功至关重要，这是一个成功的底层逻辑。

我的一位客户就是一个典型的例子。他曾在一家大型公司工作，但不满于仅仅是一名普通职员。他决定转变生活轨迹，开始创业。最初，他发现最大的挑战并非资金或机遇，而是他的社交圈。他周围的朋友大多对生活无所追求，缺乏积极向上的态度。他意识到，如果他想要成功，就必须改变自己的社交环境。

于是，他开始积极参加各种与商业和创业相关的活动，结识了许多志同道合的人。这些人不仅给了他创业的灵感和动力，还向他提供了宝贵的建议和资源。随着时间的推移，他发现自己不仅在事业上取得了显著进步，而且在个人成长方面也有了巨大的提升。

在你心中，一定会有一些优秀的人存在，既然你认为他们是非常优秀的，就说明你渴望自己成为那样的人。既然有这样的渴望，就要付诸行动，试着朝你的目标迈进，所以从这个意义上来讲，无论是谁，无论处在哪个阶段，都要努力和你心中优秀的人为伍，和更杰出的人并肩前行。

因为，我们人类这种生物有着独特的特性，极易受到各种心理暗示的影响，和积极的人在一起，你就很难陷入消沉；和勤奋的人在一起，你就很难变得懒惰；和优秀的人在一起，你就会鞭策自己不断进取；和聪明人在一起，你的思维和视野将会得到拓展，变得更为丰富……

这也就是为什么有人会说，**一个人的价值，可以根据他身边的朋友判断。** 如果你身边朋友的价值都不如你高，那么你也很难更上一层楼了。相反，如果你身边的人个个都比你出色，那么你的进步一定会非常迅速。

你的形象，代表了你的价值

很多人，特别是男性朋友们，有时候会觉得形象没学历、技能那样重要。以至于我经常在路上看到一些不修边幅的年轻人，穿着不合体的衣服、头发蓬乱、一脸油腻地拎着包走在上班的路上，每次见到这样的人，我都在想还好这样的人没有出现在我的公司。

或许你觉得形象并不重要，但是在别人的眼里却并非如此。事实上，在你尚未开口之时，你的形象就已经在别人心中产生了印象，这种印象可能会在对方的心里扎根很长一段时间。

心理学研究表明，人们在初次相遇的几秒钟内，会基于多种因素迅速对对方形成初步且持久的印象。这个判断基于一系列非言语的线索，如体态、表情、着装等。这些信息被大脑迅速处理，进而形成了对该人的性格和能力的初步看法。虽然第一印象并非不可改变，但改变别人已经形成的初步看法，却往往需要付出更多的时间和努力。

松下幸之助在他的日记中记录了这样一件事：有一段时间，由于事务繁忙，他长时间没有理发、洗澡和刮胡子，身上的衣物也因来不及更换而显得脏兮兮的。当他走进一家理发店时，理发师直率地指出了他对个人容貌和仪表整洁的忽视。理发师对他说："作为公司的代表，您这样不修边幅、邋遢不洁，会让别人怎么想呢？试想，如果连公司的老板都如此随意，顾客又怎能对公司的产品抱有良好的期待呢？

听完理发师的话，松下幸之助大为震动。从此以后，他再忙也会抽出时间整理自己的形象。

你的人生赢过吗？哪怕只有一次

因为不注意形象，松下幸之助居然被别人教育了一顿，这个经历听上去很好玩，但却值得我们思考。

英国女王就曾经在给威尔士王子的信中写道："形象体现人的外表，人们在判定一个人的心态，以及对这个人的观感时，通常都凭借他的外表，而且常常这样判定，因为外表是看得见的，而其他则看不见，基于这一点，形象特别重要。"

英国女王并未言过其实。尽管生活中，"以貌取人"似乎常常遭人诟病。但是，无论是在日常生活还是职场交往中，形象都是我们无法忽视或绕过的重要因素。

美国有个形象设计大师叫乔恩·莫利，这位大师曾为美国多所财富排名靠前的跨国公司提供咨询服务。乔恩大师曾经做过这样一个有趣的形象调查。他将100位25岁左右、出身于美国中产阶级家庭的年轻大学毕业生，派往100个办公室工作，声称是新来的公司助理，去测试秘书对他们的合作态度。

其中，50个人按照白领的标准着装，另50个人仍然按照原来在大学中的风格打扮。乔恩·莫利先生让这些年轻人给秘书下达"小姐，请把这些文件帮我找出来，我在××先生处"的指示，然后扭头就走。为了保证测试的结果，他们还被要求不给这些秘书们思考及回答的时间。

结果发现，按照原来在大学中的风格打扮的人只收到了12份文件，而按照白领标准着装的年轻人得到了42份文件。显然，秘书们更倾向听从那些依据场合选择了合适着装打扮的助理们的话。良好的形象，便是这样对我们的工作产生潜移默化影响的。

根据我的经验，我认为一个人的着装不只表露了他的情感，还显示着他的智慧。我更愿意帮企业雇佣那些看上去穿着职业，形象干净整洁，说话时充满自信并面带笑容的人。不知道你是不是也符合这些特征？

有句玩笑话"人生如戏，全靠演技"。但确实人生就像舞台，每个人都像演员。既然是演员，就要演好人生大舞台上这场好戏。而真我与演员之间相互替代的一个手段就是包装——包装好自己，打造好你的形象，让你以更好的面貌去做事、做人，去演绎人生这台戏。

从此刻起，与其向周遭人讲述你改变的愿望，与其喋喋不休地宣扬自己要改变，倒不如先改变自己的形象。

一个人外表是否得体，不但会影响别人对你的看法，也会影响自我认知。如果你穿着那种粗制滥造和裁剪不得体的服装，它们会无时无刻在提醒自己："我就如同我所穿的，我缺乏自信和才能，我一无是处。"

尽管你可能现在收入并不丰厚，但是不妨定期去理发店给自己做做发型，买几身合体的、漂亮的衣服，出门之前确保自己整洁干净，对着镜子做几次微笑练习，相信你会更有自信，而且更受欢迎。

像打造形象一样，打造你的语言

上面说到了你的形象，这是你带给别人良好印象的第一块"敲门砖"，与此同时，你还应该有意识地提高你的表达能力，因为当你开口说话的那一刻，其实是在向他人展示你是怎样的一个人。

相信你有这样的体会，在我们的生活和职场中，你会遇到这样的人，他们学历并不突出，颜值也不高，能力也一般，总之，各个方面你都觉得不如自己，但是他"能说会道"，走到哪里都受到别人的欢迎。

你可能觉得他们是情商高。没错，情商高的表现之一，就是懂得如何说话。当一个人掌握了说话的技巧，说出的话总是具有感染力、让人感到愉快，运用到工作业务中让客户无法拒绝。

看到这样的人获得成功，或许你在心中很不服气，为什么"靠嘴吃饭"的人能比我这种踏实努力的人更成功呢？

我在前面讲过，人际关系往往是个人成功的决定性因素。当别人认可你、喜欢你时，才会购买你的产品和服务，才会给你职场上的机会，才会让你担起更大的责任。而会说话的人，大多数情况下比不会说话的人更讨人喜欢，人际关系也更宽广、更有质量。

除了你自身的实力以外，让别人从心里产生认同感的关键秘诀就在于，你的语言能否打动对方的心，拉近彼此之间的距离。所以，**说话真是至关重要的一件事，更是很多人获得成功的关键**。话说得好就是口才好，其中的"才"字代表的就是：会说话是一种才能。

所以，你与其抱怨能说会道的人抢占了你成功的先机，不如反思一下："我，为什么不能成为那个会说话、讨人喜欢的人呢？"

是啊，你没有理由做不到这一点。

为什么这么说呢？因为口才和肌肉一样，都是可以通过学习和训练提高的。举几个历史上比较有名的例子，你就能够体会到学习和训练口才的有效性。

美国前总统林肯为了练口才，徒步30英里，到法庭去听律师们的辩护，看他们如何论辩，如何做手势，他一边倾听，一边揣摩他们如何运用形体的动作和发音方法。他还去听那些传教士挥舞手臂、声震长空的布道，回来模仿他们的样子，对着田野里的树桩、庄稼练习口才。

日本前首相田中角荣，少年时存在语言流畅性障碍，但他没被困难所吓倒。为了克服这个问题，他常常朗诵课文，练习口才，还对着镜子纠正发音。

英国戏剧大师、批评家和社会活动家萧伯纳的口才是有口皆碑的。但是，他年轻时却胆小而木讷，拜访朋友都不敢敲门，常常"在门口徘徊20分钟"。后来，他鼓起勇气参加了一个"辩论学会"，在其中练胆量，练机智，练语言，不放过任何机会同对手争辩，最终成为演说家。后来有人问他是怎么练口才的，他说："我是照着自己学溜冰的办法来做的——我固执地、一味地让自己出丑，直到我习以为常。"

如果继续列举下去，这份名单会非常长。这些人为我们训练口才树立了很好的榜样，我们要想练就一副过硬的口才，就必须像他们那样，一丝不苟，刻苦训练。

不过，练口才不仅要刻苦，还要掌握一定的方法。科学的方法可以使你事半功倍。当然，根据每个人的学识、环境、年龄等的不同，练口才的方法也会有所差异，但只要选择最适合自己的方法，加上持之以恒的刻苦训练，那么你就会在通向"口才家"的大道上迅速前进。

这里有五个我曾经做过的练习，只要你坚持一段时间，就会发现这些练习很有效果。

1. 朗读训练

每天进行20分钟朗读训练（最大声，最清晰，最快速）。朗读的内容：古今中外的经典演说，尽量找那些积极豪情的内容（当然这要根据你希望成为什么样的人来定）。比如，马丁·路德·金的"我有一个梦想"，闻一多的"最后一次演讲"，乔治·巴顿的"战争造就英雄豪杰"等。另外，每天坚持"3分钟演讲"或"3分钟默讲"1次；每天练习10分钟的绕口令。

2. 唠叨训练

走到街边见到什么说什么，比如，见到一位老大妈提着篮子走过来，你立刻可以这样说，我现在瞧见一位老大妈走来，她穿着什么样的衣服，走路的姿势怎么样，再加上高矮肥瘦等外貌特征以及根据神情揣测出的她的心理状态等。

另外可以用无限关联法或者口语接力训练进行练习。先指定没有联系的A物和B物，然后想办法从A物谈到B物，其中可以编故事，说道理，反正你的表达就是不能间断和犹疑。

3. 交谈训练

不要只顾自己的口才训练成果，你还要留意他人在谈些什么，他人对什么感兴趣。从他人的言谈中，找到与自己知道的有交集的内容切进去，开始你的谈论。这里要注意对方的表情和肢体动作。如果对方要发表意见，从他的表情和肢体上会有一些表现，你就要让出话语权，引导他来谈论。注意，真正善谈者是善听者。

4. 幽默训练

每天找一条笑话，把它背熟，反复操练，尽可能讲得风趣幽默（笑话找些简短易背的，这样容易产生成功感）。

在工作或生活中随时找事物幽默一下。最好是当众幽默。实在找不到也可以自嘲幽默。

5. 辅助训练

每天至少用20分钟阅读励志书籍或口才书籍，培养自己的积极心态，学习一些说话技巧。同时，学会反思，每天总结得与失，写心得体会。每周要全面总结自己在口才训练方面的成效及不足，并确定下周的目标。

话不在多少，关键在质量

情商高的一大表现就是会说话，所以，我们应该有意识地提高自己的说话水平，争取让自己成为一个口才出色的人。但是这里我要提醒你注意，会说话不代表要多说话，不是一个人越能说、越爱说，就等于有了好的口才。

判断一个人会不会说话不在于数量，而在于质量。真正有分量的语言，掷地有声，一句就够了，并不需要大段陈述。

当然这一句话的质量要很高。就像诗歌中的"诗眼"一样，是那种画龙点睛、非常出彩的字句。我们平时说话也一样，与其滔滔不绝说上一长段，不如言简意赅地表达。

简明扼要的表达方式会让人对你更有好感，对你有更高的评价。为什么呢？因为能够把话说到本质上，说明你的逻辑思维能力和归纳能力都非常强，这种有重点的表达，是对双方的尊重。更何况，并不是长篇大论，才能吸引对方的注意力，只有让对方更专注地听你说话，你的表达效果才会更好。

然而，表达的前提除了准确外，你还要能把重点讲得清楚明了。

有一次，我问一名下属，跟了好久的那个客户为什么还没有签合同。他的答案是："那个人太没谱了，喜怒无常，非常不配合。前一天还说有意向，但需要考虑考虑。第二天又表示还是不太满意，过一阵子再说。过了几天，又跟我说他其实挺满意的，但副总觉得价格贵了，看能不能给些优惠。我说给他的报价已经是底线，真的不能再优惠了，但是可以给他一些赠品。他问都有什么赠品，问完以后过了好几天，又跟我说，那些赠品他不需要，能不能折算成钱款，在总价里扣除掉。我肯定不答应啊，就这样扯皮了好久。你问他一些信息，他也不愿意跟你透露。我估计他咨询了好几家公司，我们只是其中一个备选项，他可能是选择别家公司了。"

我皱着眉头忍了又忍，听完他的一大段话，又问他："他对产品质量方面没有异议，问题只出在价格优惠上吗？"

他说："是的。主要是他要求的那个价格我们不能接受，我们给的促销优惠政策，他又觉得对他没太大意义，因为他不需要那些赠品……"

这一次，我打断了他冗长且缺乏重点的叙述，告诉他，作为一名销售人员，他需要好好提升自己的表达能力。如果我是客户，面对他这种既不够简练又抓不住重点的沟通方式，我会很难放心把订单交给他。毕竟，大家的时间都非常宝贵，为什么不能直接说出问题的核心呢？

为了帮助他改进，我给了他一个具体的建议：空闲时，不妨做一个练习。假设现在你要向我汇报工作，这直接关系到你的加薪和升职。但我很忙，只有在电梯里相遇的短短30秒时间。时间一到，电梯门就会打开，我必须马上离开。那么，在这宝贵的30秒内，你该如何精准而简洁地表达出你想要传达的关键信息呢？

除了跟上司讲话，你在生活中也可以随时随地做练习来提升你的表达能力。无论跟谁交流，也无论你认为即将说出的话有多么重要，都请先试着把你想表达的内容提炼成一句话。这句话就是你的中心论点，它应该简洁明了，直击要害。

提炼出中心论点之后，你可以进行下一步的练习。想象一下，如果今天上司心情好，时间也相对充裕，给了你5分钟的时间来做汇报，那么你要如何在这5分钟内，围绕你的中心论点，有条理、有重点地展开你的讲述呢？

你依然要提炼出中心论点，然后开始给中心论点找论据，一层一层地扩展论述。围绕中心论点层层展开，这样就会形成一段逻辑非常清晰、论述充分的话。如果是这样的表达，让上司对你刮目相看也未可知。

我们在日常的言语交流中，会包含很多冗余的信息、啰唆的话，口语本身就很容易表达不完美，这很正常。然而，如果你追求的是更好的口才，以及让人赞叹的表达能力，那么就要记得，在关键时刻，表达一定要精准到位，直指要害。

当然，这似乎并不太容易，一语道破需要的功力不仅仅是语言能力，还需要一个人的智慧。因为在每一句能够"命中靶心"的言语背后，起支撑作用的是一个人精准的洞察力，以及严密的逻辑思维能力和良好的语言表达能力。所有这些能力综合起来，才成就了一个人的"总能说到点儿上"。

那么，怎样才能拥有这些能力呢？有些人可能与生俱来拥有敏锐的观察力和超强的逻辑能力。假如你自认天生没有这方面天赋也没关系，多读书多思考，这是"包治百病"的良药。

懂得倾听的人更容易受到欢迎

与"说"相比，"听"似乎显得容易多了。只要没有听力障碍，谁都会听。可是问题在于，或许你能听到声音，可是你真的"会"听吗？据我了解，大多数人都不是一个很好的倾听者。因为种种原因，他们不能从倾听中发现价值。

有一位颇为敬业的律师朋友，他在法庭上总是慷慨陈词，咄咄逼人的气势给人留下深刻的印象。但他始终都在为自己不能成为最出色的律师而沮丧。

就当他在为自己事业陷入瓶颈期而烦恼时，遭遇了另一重打击。由于他对自己严重的扁桃体炎置之不理，终于发展到需要住院的地步。医生告诉他，他的咽喉需要做一个手术，并要求他术后的一个月内不能说话。

对他来说，这简直是不可能做到的事情。可是为了自己不会永久失声，他必须在术后的一个月里保持沉默。毫无疑问，一开始的几天他极为难受，因为无法表达而变得脾气暴躁，可是他必须坚持不能发出声音的医嘱。渐渐地，他习惯了沉默。

后来，他发现，自己好像忽然间学会了倾听。以前，妻子总是抱怨他从不认真聆听自己的心声，每次对话，他总是急于发表自己的意见，或是漫不经心地点头敷衍，缺乏对妻子真正的关心与关注。然而现在，由于暂时失去了言语的能力，他只能默默地聆听妻子的倾诉。在这个过程中，他发现妻子的声音已经发生了改变，不再是当初那个甜美的女孩嗓音，而是变得深沉，却依然充满魅力。他开始全神贯注地倾听妻子的每一句牢骚和建议，虽然无法用言语回应，但他发现妻子能够深切地感受到他的专注与关爱。

一个月匆匆而过。医生告诉他，他的咽喉恢复得相当不错，可以开口说话了。与此同时，他欣喜地发现，自己与妻子的感情比以往任何时候都要更加深厚，因为他们现在能够畅通无阻地进行交流。这一切的转变并非他的口才变得更加出色，而是因为他学会了倾听。

更令人欣喜的是，他在工作中的表现也大有改观。他开始更加耐心地聆听客户、对方律师以及法官等各方人士的言辞，对案件细节把握得更加准确，胜诉率也进一步提高。这种转变不仅让他的工作更加得心应手，还赢得了他人的尊重和信任。

相信这位律师的经历会对你有所启示。**如果只是一味地去追求"说"，而忽略了"听"，我们可能辜负了上天赐予我们"两只耳朵"的好意。**

特别是，在人与人的沟通交往中，如果你不懂得倾听，不让对方充分表达，这种沟通处在一种"不平衡"的状态中，很容易让对方失去继续与你交流的欲望。

著名心理学家卡尔·罗吉斯在他的著作《如何做人》中说过："当我尝试去了解别人的时候，我发现这真是太有价值了。我这样说，你或许会觉得奇怪。我们真的有必要这样做吗？我认为这是必要的。在我们听别人说话的时候，大部分的反应是评估或判断，而不是试着了解这些话，在别人述说某种感觉、态度和信念的时候，我们几乎立刻倾向于判定'说得不错'或'真是好笑''这不正常吗''这不合情理''这不正确''这不太好'。我们很少让自己确实地去了解这些话对其他人具有什么样的意义。"

事情总是这样，我们往往以自我为中心，太在意自己的观点而非常容易忽略别人言语的意义，因此也难以收集到其中蕴含的信息。要知道，倾听有着重要的价值，情商高的人往往能通过倾听收获更多的价值。

首先，倾听可以让你获取有用的信息。很多有价值的信息都是在不经意间获得的，而且还有助于你判断说话者的性格。

其次，善听才能善言。假如急于表达自己的观点却毫不关心对方的意图，那么你的言语会没有针对性和感染力，对方不会乐于接受。

另外，认真倾听，你才能更好地说服对方。假如你想要让对方认同自己，不能只靠滔滔不绝的辩论，还要听出对方的立场和弱点以及坚持的理由，这样才能有针对性地反驳。

最后，你的倾听可以收获信任。因为人人都喜欢发表意见，所以给他们一个机会发言，你会迅速获得对方的好感与信任。

现在，你应该已经认识到倾听的重要性了，可能也想成为好的倾听者。不过，你认为怎样才是好的倾听者呢？经过总结，倾听可以有以下五个不同的层次。

第一层是漠不关心地听，仿佛连耳朵都没有开启；第二层是假装在听，听进耳朵里了，却没往心里去；第三层是选择性地听，只听自己想听的内容；第四层是倾听，也就是积极进行换位思考地听，不仅能听到事实，还能听到对方的心声；第五层则是专业级别的倾听，需要经过专门训练。心理治疗师便是这一级别的佼佼者，他们往往需要大量的学习和实践，以满足专业认证体系的要求，才能获得执业资格。这种倾听，能让对方自愿吐露出自己本不愿讲的话和提及的事。

请你判断一下，在听别人讲话时，自己最高能到达哪一层级？也许我们做不到第五层，但至少要努力达到第四层。在倾听这门课上，假如你能够获得优异成绩，从与别人的交流中获得的知识、信息和机遇，绝对会让你感到惊喜。

想让别人更喜欢你，这个方法很有效

文艺复兴时期的法国作家拉伯雷说过："人生在世，各自的脖上挂着**一个褡子：前面装的是别人的过错和丑事，因为经常摆在自己眼前，所以看得清清楚楚；背后装着自己的过错和丑事，所以自己从来看不见，也不理会。**"也就是说，看到别人的错误和缺点非常容易，想要指责别人也非常容易。可是，假如现在让你赞美别人呢？

指责或批评别人，似乎是我们大多数人与生俱来的能力，但是赞美别人，就没那么容易做到了。这种感觉有点像对待垃圾食品，你会自动自发选择去吃，而健康食品却需要父母一再叮嘱才肯去吃。可是，作为"健康食品"——欣赏别人、赞美别人的能力，对我们有益，值得我们去努力掌握。

大作家马克·吐温曾经说过，听到一句得体的称赞，能使他陶醉两个月。这话虽然夸张了点儿，但事实的确如此，每个人都期待他人的赞美，因为每个人都希望自己付出的努力被别人看到，自己所取得的成绩被别人认可。因此，你给出的赞美，传递出的友善信息，一定会赢得别人对你的好感。

其实，懂得赞美别人，才是一种高情商的表现，因为通过这种几乎不费力的形式，就能赢得别人对你的好感。仔细想想，是不是这样？

历史上，很多杰出的人物都精通这一点。据说，爱因斯坦曾经在看完《淘金记》之后，写信给卓别林，信中说："您的影片《淘金记》是一部世人都懂、都喜欢的作品，您一定会成为一位伟大的人物。"

而卓别林是怎样回应的呢？由于爱因斯坦的相对论极少有人能理解，当时的科学界还不承认这项发现的重大意义，很多人嘲笑爱因斯坦是疯子。但卓别林回信说："我更加钦佩您。您的相对论，世界上没有一个人懂，可是您终究会成为一位伟大人物。"

你看，爱因斯坦和卓别林多么擅长表达。他们之间的故事也提醒我们，良好的人际关系是建立在尊重和赞美之上的。

大多数情况下，我们的行为都会得到相应的回应。你用欣赏的眼光看待别人，夸赞对方，正常情况下，他还会表现得很糟吗？基本上，只要听到别人称赞自己有某个优点，大多数人就会努力在这个人面前维护好自己的这一形象。相信你也深有体会。所以，你想让对方怎样表现，就给他一个与此相关的正面评价吧。

举个生活中常见的例子：孩子因为考试粗心而没有考好，父母应该怎么说？如果是低情商的父母，可能就会臭骂孩子一顿，说出"你怎么这么马虎啊""你这么粗心能干什么呀"之类的话，这些话对于孩子来说简直就是一种伤害，起不到任何正面激励的作用，孩子还可能会由此对学习产生厌烦的心理。

但如果是高情商的父母，他们可能会在批评孩子的同时加入一些夸赞，比如说："你看，这次考试没考好，是不是有点马虎了？我看你后面的大题都没怎么出错，说明你解决问题的能力很强。下次咱们再细点心，你一定能考出好成绩。"

当父母这样表达时，孩子听到的不仅仅是批评，更感受到了赞赏和鼓励，因此，在日后的学习中，无论是写作业还是参加考试，孩子可能都会尽量避免粗心。

行为科学中有一个著名的"保龄球效应"，说的也是关于赞美的道理。假如现在有两位教练分别在训练自己的队员。一开始，两名队员成绩是一样的，都是打中7只瓶子。这时候，第一位教练说："真棒！你打中了7只。"而第二位教练说："怎么搞的？才打中了7只，还有3只没打中呢。"那么在接下来的训练会出现什么情形呢？如你所想，第一位队员受到了极大的鼓舞，表现得越来越好，而第二位队员却表现得一次比一次糟糕。

由此可以看出，同样的事情用不同的态度来对待，效果会有多么大的差异。同时，我们也要意识到，就如同保龄球游戏中的10只瓶子，普通人鲜少有人能够一次就将它们全部击倒。同样地，这个世界上也没有完美的人。每个人身上都既有着象征成就与优点的那7只成功击倒的瓶子，也有着代表着不足与需要改进之处的那3只尚待击倒的瓶子。问题的关键在于，你更愿意将视线聚焦在哪一部分——是关注那已经成功击倒的7只瓶子，还是紧盯着那尚未被击倒的3只瓶子。

如果你想让你的孩子更努力地学习，想让你的下属更拼命地工作，想让你的领导给你更多机会，想让你的客户从你那里购买更多产品和服务，你所需要做的一件事，就是努力从他们身上寻找优点，并且直接告诉他们。

在任何环境、任何时刻对待任何人，赞美都是屡试不爽的交往艺术，只是我们一定要注意，自己的欣赏和赞美要发自内心，充满真诚，否则一旦让别人感觉到你的称赞过于刻意，会让情况变得非常糟糕。

第五章

扭转情绪：做一个充满能量的人

总有不想发生的事会发生

我们总是希望自己的人生能够一帆风顺，但显而易见，这种想法是不可能实现的。在你的人生路上，你总会或多或少遇见一些突发的情况，遭遇到一些你不想接受的事实。比如，你不经意间出了点差错，受到领导严厉批评，甚至要求你收拾东西离开；你相恋多年的恋人，忽然间决定和你分手；你遭遇到投资失败、创业失败……

你的人生很可能会发生这样或那样糟糕的事，我不是诅咒你，但生活就是这样。一些不好的事情经常是在你意想不到的时候发生，它们就那样突然发生了，已经成为了事实，你无法改变。

很多人都是这样，因为不好的事情发生，或是自己的期望没有达到预期，会陷入到糟糕的情绪当中，变得焦虑、消极、抑郁、自责，甚至会在很长一段时间里一蹶不振。你也遇到过这样的情况吧。

想想看，在最近一个月里，有没有什么事让你感到难以接受，你为此情绪受到了影响？那现在怎么样，是不是已经从那件事带给你的负面情绪中走了出来呢？

我们必须明确一个真相，我们所经历的那些已经发生的事情是无法改变的，而你对这些事情的反应，所产生的情绪，无论是消极的还是积极的，都属于你的意识。事实是无法改变的，很多时候事情的发生不是你能控制的，但你的意识可以由你来控制，它可以被改变。

迪士尼是全球最大的卡通娱乐和影视集团，它的创始人是沃尔特·迪士尼。你可能想象不到的是，迪士尼在他取得巨大成功之前，也曾经历过极大的困境。

迪士尼从小就展现出对艺术和创意的浓厚兴趣，尤其是在绘画和故事讲述方面。他的母亲和姐姐经常对他的绘画天赋给予鼓励，他尤其喜欢绘制卡通形象和讲故事，这些都为他日后的动画事业奠定了基础。

青少年时期，迪士尼开始参与学校剧院的制作工作，并对表演艺术产生了浓厚兴趣。此后，他的兴趣逐渐转向了动画领域，他认为动画是一个融合艺术、创意和故事的独特媒介。20世纪20年代，动画电影行业正在兴起，迪士尼看到了这一领域的巨大潜力和创新空间。

很快，迪士尼就成立了公司，并和他的小团队夜以继日地创作了一系列动画短片。当迪士尼满怀期待地把作品推向市场后，却未能获得预期的成功。更糟糕的是，他们的财务状况每况愈下，最终他不得不宣布破产。这无疑是迪士尼人生中一段极为低迷的时期。他甚至一度无家可归，只能在工作室里度过漫长的夜晚。

在这样糟糕的情况下，换作别人可能会因此陷入抑郁，甚至由此放弃自己原本坚持的梦想，转而寻找一份养家糊口的工作。但迪士尼没有放弃。在这个艰难时期，他没有被消极情绪所左右，而是积极寻找新的机会。

他深信，只要坚持自己的梦想，总会找到突破口。迪斯尼开始构思一个全新的角色——米老鼠。他没有多余的资金，甚至连最基本的制作设备都筹备不齐全，但他依然坚持不懈地工作。

1928年，米老鼠首次亮相于《威利号汽船》，这部动画短片获得了巨大的成功，米老鼠也迅速成了一个国际性的动画标志。迪士尼的创意和才华终于得到了认可，他的事业也随之起飞。接下来的几年，他和他的团队创造了更多深受欢迎的角色和故事，如唐老鸭和白雪公主等。

迪士尼的这段经历表明，成功往往不会一帆风顺。失败和挫折很常见，而面对挫折失败的时候，你如何控制你的反应和情绪显得尤为重要。你是妥协放弃，还是克服困难勇往直前？这取决于你是否能转变自己的心态。

如果你被消极的情绪占据心头，这种情绪会反过来影响到你的意识，让你不断产生负面的想法，使你很难从困境中走出来。而**如果你能激发自己积极的情绪，就像迪士尼一样，很多挫折和困难也就没有你想象的那么严重了。**

情绪不仅会影响到你对已发生事件的反应，更会影响到你的人际关系。想想看，你是愿意和一个积极阳光、充满快乐的人交往，还是喜欢和一个总是愁眉苦脸、抱怨不断的人待在一起？

显而易见，就像大多数人都喜爱阳光灿烂的好天气一样，一个情绪稳定又积极的人总是能够受到更多的欢迎。

所以，无论是做事还是与人交往，情绪都在其中发挥着至关重要的作用。明白了这一点，我们一定要努力让自己成为一个情绪稳定且积极向上的人。

经常抱怨，你的能量会流失

假如你真的爱自己，就应该懂得，自爱与抱怨是互斥的。也许有时候，抱怨是一种引起别人注意的方法，也是一种像借口一样的"安慰剂"，它也的确会奏效，但却不值得你去做。

几乎每一天，我们都能听到各种各样抱怨的声音：

"为什么我比他更努力，升职加薪的却不是我？"
"为什么我明明很聪明，却总是找不到发财致富的门道？"
"为什么她明明没我好看，却找了一个这么优秀的老公？"
"为什么我编辑的内容这么好，他的自媒体频道却比我更受欢迎？"
……

人们常常抱怨工作、人际关系、生意，甚至天气，似乎世间万物都能成为他们不满的对象。然而，世界并未与任何人为敌，只是许多人难以接受眼前的现实，于是抱怨便油然而生。

也许你真的遭遇了某些不公平待遇，似乎有必要抱怨一番。然而，当你冷静下来细细思量，抱怨究竟有何益处？已发生的事情无法改变，抱怨又能扭转什么局面？或许，它唯一的作用就是让情况变得更糟，让人们疏远你，让你深陷更强烈的挫败感和更糟糕的情绪之中。

在一家汽车修理厂，有一名年轻的技术工人，他聪明机灵，但他从开始工作的第一天就没有停止过抱怨："修理这活太脏了，瞧瞧我身上弄的""真累呀，我简直讨厌死这份工作了"。由于他每天都在说这些话，所以其他修理工都不喜欢他。他还会跟客户抱怨自己的工作多么辛苦多么脏，为此经常会受到师傅批评。

日子久了，有人忍不住说："既然你这么不喜欢这份工作，为什么不换一份呢？"每当这时候他就会哑口无言，因为他已经换过很多份工作了，从超市理货员到园艺工人，没有一份工作能让他感到愉快。

可是，无言以对之后，这位年轻的工人抱怨依旧。日子一天天过去了，他干活不比别人少，但技艺却没有得到多大长进。跟他一起进厂的很多工人都拿到了更高的薪水或者被公司提拔为高级技工，只有他依然每天在抱怨中度日。现在，他的抱怨又多了一些内容："我每天这么辛辛苦苦工作，凭什么拿的薪水比他们少啊""这个世界就这样，哪里都不公平"……

你一定知道他不被人喜欢，也不能得到加薪升职的原因。这个世界上的每个角落，都有才华横溢的人失业或者不被重用。假如这些人因此充满了抱怨、不满和谴责，那么只会让现状更加恶化。因为抱怨如同向自己的鞋子里灌污水、放沙子，会消耗你大量精力，让你前行的步伐变得更加沉重，在前行的路上充满疲惫。

也许你会认为，抱怨之后自己就会卸下某些负担变得轻松。但事情往往不是这样，尤其是当抱怨已经成为习惯之后。大多数习惯抱怨的人，在抱怨过后，常常会让心情更加灰暗、更加抑郁、更加沉重。也就是说，抱怨不是卸包袱，而是在自己的脖颈上套上了更加沉重的枷锁。

为什么会这样呢？因为越是抱怨，你会发现原来真的有那么多可以抱怨的事情，原来自己真的那么可怜，那么值得同情，原来这个世界真的对自己这么不公平。于是，原本可能只是小小地发一下牢骚，结果演变成了更大的失落。而这种情绪，毫无疑问会吞噬你的正面能量。面对一个常带笑容的人和一个心中满是沮丧、口中尽是抱怨的人，你会选择与谁交往呢？所以，喜欢抱怨的人会发现，自己的朋友越来越少。

而且，**你花在抱怨上的时间越多，花在改进上的时间就越少。**当你习惯于把所有问题的原因都归咎于他人和这个世界，而不是反省自己，那么你很难会有什么进步。就像明明是自己胃口不好，为什么抱怨食物味道太差呢？

我并不反对你向他人倾诉自己的苦闷与困境，特别是在对方能够给予你实质性的帮助与支持时。然而，若对方除了默默忍受你的抱怨之外，无法提供任何实质性的帮助或建议，那么我建议你还是慎重选择倾诉的对象。因为这样的抱怨只会给他们带来不必要的负面情绪，让他们感到压抑和疲惫。

如果对方真心关心你，会因为你的困境而感到担忧和难过，这无疑会消耗他们自己的精力和情绪。而如果对方并不在意你，甚至对你持有负面看法，那么你的抱怨只会成为他们嘲笑你的谈资，这对你的困境没有任何帮助。

周末的一天，有一位父亲在家带孩子，可是他还在为工作上的很多事情烦恼，为上司的不公平和同事的不友善而心存不满。这时，孩子缠着他要他陪自己玩。他不耐烦地将身边一本杂志上的世界地图撕碎，让儿子自己玩拼图。

他以为这样一来，儿子要忙上大半天，也就不会来打扰自己了。可是才过了十分钟，儿子就已经把世界地图拼好了。父亲十分惊讶，儿子才这么小，怎么可能这么快就把世界地图拼好？儿子得意地宣布答案：**"这张图的背面是一张人像，我按人像来拼碎片，翻过来就是地图了。只要'人'好了，'世界'也就好了。"**

父亲瞬间豁然开朗，是啊，只要人好了，世界也就好了。问题不是这个世界怎样了，关键在于人本身。这么想还有什么可抱怨的呢？

英国政治学家和教育家格雷厄姆·沃拉斯有一段发人深省的话，我想把它送给你："绵羊每咩咩地叫一次，便会失去一口干草。你抱怨越多，消极的思想出现的次数越多，你就越难摆脱那些侵蚀你健康心态、破坏你幸福的敌人。因为，你每想象它们一次，它们就更深地潜入你的意识之中。**思想宛如一块磁铁，它只吸引与之类似的东西**，而那些与你思想相悖的东西，是很难自发产生的，因此，你的成就，首先源自你思想。"

的确，你的意识会跟随你的抱怨产生出更多的消极思想，这些消极思想不仅会让你对自己形成错误的认知，还会影响到你的情绪，进而牵绊你的工作和生活。想想吧，**如同一个不停在漏电的电池，抱怨正在消耗你的能量，你应该趁早停止抱怨。**

在"不公平"的世界里保持平静

当你感觉不公平时，你一定会有抱怨，问题来了，这个世界真的不公平吗？我想和你单独讨论一下这个问题。

一项调查显示，约有八成的企业在创立的两年之内就宣告停止运营。进一步调查发现，在这些企业中，有86%的企业都是出于内部原因造成的。当这些企业的合伙人被问及"你认为自己的贡献直接体现在股份分配上，应该占有多少公司股份，为什么"时，他们几乎每个人都毫不犹豫地给出了自己心中的数。然而，当把他们每个人认为自己应得的股份加起来后发现，公司股份总数是现在的两倍，才能满足每个人的要求。

再去分析这些人给出的理由，你会发现他们每个人说得都很有道理，你听不出来他们为什么不应该得到那么多股份。这些企业的合伙人每个人都觉得不公平，称自己没有拿到应得的一份，因此导致了合作不能继续，公司宣告结束。

这个现象说明什么了呢？**在利益面前，我们每个人都倾向于把自己应得的过分夸大，而且有充足的理由。**倘若没有得到这种待遇，我们就会认为不公平。可是照这样的情形看，有可能让每个人都觉得公平吗？很遗憾，似乎不可能。

但大多数的人都倾向从自己的视角审视世界，往往把问题归结于世界的不公平。比如在校园里，一个相貌普通的男生可能会这样抱怨："这个世界真是太不公平了，你看那些女生们似乎都喜欢球踢得好、长得帅的男生，尤其是那些高大、英俊、看起来成熟稳重的。但是我觉得，如果要谈论有思想深度的话题，我更能引起她们的共鸣，她们一定会被我的睿智所吸引。可是，那些女生总是先被那些帅哥的外表吸引，根本注意不到我。"

另一位男生淡淡地回应："假如你长得高大帅气，球也踢得好，还会抱怨不公平吗？很多人对世界的不公平感到愤怒，并不是因为不公平本身，而是觉得自己处在不公平中的不利位置。**很多人不是想消灭这种不公平，而是想让自己处在不公平中的有利位置。**"

我们不得不承认后一位男生的话是事实。很多时候我们所谓的不公平，只是在给自己的懦弱和不肯努力找借口。我们在意的也许不是公平不公平，而是自己没有得到想要的利益。举个最简单的例子：假如你与另一名同学犯了同样的错误，他没有受到处罚而你却被处罚了，那么你会认为不公平。可是假如被处罚的是他，而你逃过了惩罚，这时候你会主动站出来说"这不公平，我也犯错了，请让我也接受处罚吧"。假如不会，就请你不要再抱怨不公平。

很多人认为这个世界不公平，是因为别人出身富贵而自己却出身寒微；是因为别人付出的得到了回报，而自己同样的付出却没有得到同等回报；是因为别人有机会大展身手，而自己却没有找到机会；是因为别人看起来都轻而易举地成功了，而自己遭遇的却是失败……

可是当你抱怨自己没有出生在豪门时，有没有想过父母是多么疼爱你、为你骄傲，而你却在抱怨他们没有给你足够的资本，这对他们公平吗？当你抱怨别人的付出有收获而自己却没有时，你是否看到了他们付出了多少辛劳？你因为别人拥有的某些资源而否定他们的努力，这对他们又公平吗？你心爱的那个人不喜欢你而喜欢别人，你认为这不公平，可是，那些一直默默喜欢你却从未得到过你一句善言的人，你对他们又公平吗？

这个世界上没有所谓的完全公平，有人出生在每天要饿着肚子的非洲贫民窟，有人出生在锦衣玉食的比弗利山庄；有人生来就长得如阿多尼斯，有人长得却像卡西莫多。假如你希望这个世界上所有人都拥有同样多的资源，这毫无疑问是一种妄想。因为每个人付出的努力程度都不相同，怎么可能获得同等收获？

不是每一次努力都会有收获，但是每一次收获都必须付出努力，这是一个看似不公平实则无法改变的命题，然而，从另一个角度看，它又是如此公平。**也许这个世界不那么公平，但它终究是趋向平衡的。在这里你遭遇了不公平，在那里也会收获幸运**。其实，人生的得失苦乐在很大程度上是平衡的，这种平衡性在一定程度上体现了生活的普遍规律，只是每个人的感受不同而已。

假如你坚持认为世界不公平，那么比尔·盖茨有句简单的话很有指导意义："社会是不公平的，我们要试着接受他。"或者，患有卢伽雷氏症，同时也是人人皆知的大科学家斯蒂芬·霍金的话对我们也一样可以受益：**"生活是不公平的，不管你的境遇如何，你只能全力以赴。"**

在我们的一生中，面对所谓的不公平时，我希望你能记起霍金的这句话："我的手指还能活动，我的大脑还能思维；我有终身追求的理想，我有心爱的人和爱我的亲人朋友；对了，我还有一颗感恩的心……"这是在一次新闻发布会上，面对一位女记者提出的刁钻问题，霍金以恬静的微笑给出的回答。同样的，在面对人生的不公平时，面对生活出现的各种刁钻的难题，我希望我们也能用平静的心态这样回答。

事实上，整个世界都在暗中帮你

你是否意识到了，在自己成长过程中得到过太多人的帮助？或者说，你生命本身的精彩，得益于众人的帮助？

虽然你可能并不这么认为，虽然你会认为周围充满了竞争与敌意，但我只想告诉你，很多时候，有些事不是你看到的那个样子。

下面我就来给你讲个寓言故事。

一天晚上，两位四处游历的天使来到一个富裕的家庭，希望能借宿一晚。然而，这家人对他们并不友好。尽管家中拥有温暖而舒适的客房，主人却只允许这两位衣着简朴的客人住在冰冷、昏暗的地下室。在铺床时，老天使注意到墙上有一个洞，便默默地将其修补好。小天使好奇地问："这家人对我们如此冷漠，为什么还要帮助他们呢？"老天使微笑着回答："有些事情，并不像表面看上去那样简单。"

第二天晚上，他们来到了一户极为贫穷的农家，请求借宿。这对夫妇对他们表现出了极大的热情。尽管他们拿出的食物简单且粗糙，但那却是他们所能提供的全部。更令人感动的是，他们还主动让出了自己的床铺给两位天使。然而，第二天清晨，当两位天使醒来时，却发现夫妇俩正在默默哭泣。原来，他们家的奶牛不幸去世，而那可是他们唯一的生活来源啊。

小天使感到非常愤怒，他质问老天使："这太不公平了！前一天晚上那户人家如此吝啬，却拥有那么多财富，你还帮他们修补破墙洞。而这户人家如此善良热情，却生活得如此贫穷，你居然眼睁睁地看着他们遭受这样的不幸！"

老天使依然说："有些事情不像看上去的那样。"停了停，他接着向小天使解释："当我们在富人家的地下室过夜时，我从墙洞看到墙里面堆满了金块。因为主人被贪欲所迷惑，不愿意分享他的财富，所以我把墙洞补上了。而昨天晚上，死亡之神来召唤农夫的妻子，我让奶牛代替了她。所以，有些事并不像它看上去的那样。"

当你想要像小天使一样抱怨时，可以想想老天使的话：**有些事并不像它看上去的那样。**很多时候表面上看起来是阻碍的事情，实际上也许是对你的另一种帮助。

毫无疑问，这个世上存在许多充满贪婪欲望和暴力的恶行，可是不管你是否相信，这个世界上也有许多善良与友爱。许多无私的帮助，它们或许并不张扬，却默默存在于你没有意识到的角落。

你一定要相信，当你怀揣梦想并为之付出努力时，很可能会发现似乎全世界都在以各种方式支持你。然而，如果你感觉似乎全世界都对你报以冷漠，那可能是因为你对梦想的追求还不够坚定，或者你尚未全身心地投入到实现梦想的过程中，或者是你对于目标的意义和价值理解得还不够深刻。

假如你认为有些人在你最需要帮助的时候没有伸出援手，从另一个角度看，其实他也是在帮你，因为正是他的这种行为，逼迫你独自渡过难关，他在帮你拥有更坚韧的内心和更强大的能力。他人的冷酷无情会让你明白，人要自立自强，而这正是走向成功的基础。

在硅谷的辉煌史册中，拉里·埃里森的名字赫然在目，作为甲骨文公司的创始人，他无疑是技术界的一位传奇人物。然而，在这份辉煌成就的背后，却隐藏着一段鲜为人知的艰难历程。

在那座孤寂且陈旧的公寓里，20多岁的拉里正独自承受着人生中最为艰难的时刻。事业的失败让他陷入了经济困境，每天的生活都如同在泥沼中挣扎，前面的路充满迷茫和不确定。更加痛苦的是，就在他事业陷入低谷的时候，他一直深爱的妻子决定与他离婚。妻子告诉拉里："你是一个缺乏雄心壮志的人。"

这对拉里来言，无疑是一个沉重的打击。他感到被最亲近的人背叛和遗弃，整个世界似乎在这一刻对他关闭了大门。而他的父母也对拉里感到失望，因为他们一直希望他能获得医学学位，成为一名既体面又有稳定收入的医生。

然而，就在这个看似绝望的时刻，拉里的内心却生出一股前所未有的力量。他开始意识到，要想改变现状，就必须依靠自己。他把那些负面的情绪转化为奋斗的动力，决定全身心投入到自己热爱的事业中去。

他白天做着各种零工维持生计，夜晚则熬夜学习编程和数据库技术。他深知，只有不断地提升自己，才能在竞争激烈的行业中立足。在这一过程中，他遭遇了无数次的失败和挫折，但每一次失败都化作了他前进道路上的垫脚石。

终于，经过数年的艰苦奋斗，拉里与几位志同道合的伙伴携手创立了甲骨文公司。他们研发的数据库技术领先于时代，迅速在行业中脱颖而出。甲骨文的成功不仅让拉里的经济状况得到了彻底的改观，更重要的是，它证明了拉里的坚持和努力没有白费。

他人的冷酷无情可以摧毁一个人，但同样也能成为锻造一个人坚强意志的火炉。或许，正是妻子的冷酷无情，激发了拉里内心深处潜藏的力量。

那些伤害你的人，可以帮你磨炼心志；那些欺骗你的人，可以帮你增进见识；那些遗弃你的人，可以帮你学会自立；那些绊倒你的人，可以帮你增强自身能力；那些斥责你的人，可以帮你认识错误……

也许，不管是命运女神还是胜利女神，她们都只喜欢勇士和强者。那么，就让自己成为那样的人吧。

情绪不好的时候，试试这个方法

我认识的一个人，遭遇了非常可怕的事情，他因为一场车祸失去了双腿，只能在轮椅上生活。有一次，一位年轻的女孩子问他："真遗憾，你被禁锢在轮椅上，一定感觉很糟吧？"

这个问题的确有一点尴尬，但是他并没有生气，他想了想，微笑着回答道："不，我没有被轮椅禁锢，而是被它解放了。如果没有它，你只能在我的床边跟我说话了。"

你瞧，这是一种多么积极的心态。

其实我们中的大多数人相对于这位残疾人来说，无疑要幸福得多，因为我们至少还有健全的身体。但我们很多人却没有像他一样乐观的心态和良好的情绪。有时，可能只因为一些微不足道的小事，我们的状态就可能陷入崩溃。这些小事或许不值一提，但却足以让我们情绪失控，使我们完全不能集中注意力去做自己应该做的事。

下一次，如果你情绪不佳，不妨停下手中的工作，也不要再去想乱七八糟的事，而是握紧拳头，看向远方对自己大声说10遍："**别着急，我感觉会有好事发生！**"如果你能越说越有劲，那样更好。

怎么样，你是否感觉到了一点微妙的变化，这种短暂的重复会让你的情绪变得积极一些，它虽然停留时间不长，但是你还是捕捉到了它。这是一种调整情绪的策略，奥妙在于你给自己做了重复的心理暗示。

想想这种情景，你列了单子去超市买东西，但是回到家却发现自己买了很多用不上的商品。为什么会这样？你回忆起来了，原来在超市的特价区，你看到总有顾客在购买一款打折的商品，于是你也情不自禁地拿了起来放入购物车。这不是简单的从众心理，而是当你看到不断有人买同样一件东西时，对你产生了一种心理暗示：这个商品不错，我也买一件吧。

再想想这种情况，你是一个萨克斯爱好者，客观地说，你吹得不怎么样。虽然你能完整地吹出一段旋律，但是节奏和力度都把握得不好。但所有听过你演奏的人，出于礼貌或鼓励，会对你说："你吹得真好听啊！"当你不断听到别人夸赞你时，你非常高兴，便会更积极地进行练习，你的技艺也因此不断提高了。

确实，在很大程度上，我们都被别人潜移默化地影响着，无论是行为还是情绪，这就是心理暗示的力量。积极的暗示会让你的情绪也随之积极起来，按照前面我所讲的那样，你的自制力也会随之增强。

再比如，我们在很多比赛中，可以看到一些可爱的美女啦啦队员，她们有节奏地挥舞着手臂，做出各种高难度的动作，不断齐声高喊着胜利的口号。这也是一种强大的心理暗示。场上比赛的选手们会想："看，那些女孩们在喊我们是最棒的，是的，我们就是最棒的，我们要用胜利来证明！"于是他们拼尽全力，直到比赛最后一刻。

现在的问题是，我们不能指望身边有人不断给予我们积极的暗示，就像你不能指望领导天天夸奖你，也不能指望老师总是表扬你那样，因此，我们需要学会成为自己积极暗示的提供者，试着学会自己给自己暗示。

就像我在前面讲到的那样，当你心情不佳时，重复对自己说"别着急，我感觉会有好事发生！"不妨一试，你会发现心情真的没那么糟糕了！若能将此养成习惯，你便多了一种抵御坏情绪的办法。

别看是这样一句简单的话，如果成了你的口头禅，你会从中受益匪浅。拳王霍利菲尔德，在每次比赛前、训练结束后，甚至是面对记者提问时，都不忘说一句："I'm the best！（我是最棒的！）"这正是一种积极的自我暗示的体现。

尽管很多时候，你可能并不相信那些暗示自己的话，你会怀疑：这真的有用吗？最初这么想并没有关系，反复运用这种暗示，你的潜意识里就会接受这种观点，一旦你的潜意识接受了，你的情绪和行为就会紧跟着变得积极，情况就会发生好的变化。

积极的、反复的心理暗示可以带给你情绪的能量，《潜意识的力量》一书的作者约瑟夫·墨菲就是这个能量的受益者。他最早因为接触到有毒的化学物质而患上皮肤癌，吃了很多的药，接受了很多种治疗，但毫无效果，反而情况越来越糟糕，这让墨菲在很长一段时间里陷入了焦虑和恐惧的情绪中。

索性，墨菲开始尝试着放松自己的心情，他想到了通过祈祷和积极暗示的方式来调节自己，希望能够摆脱疾病所带给他的糟糕情绪。他做到了这一点，心情开始变得和正常人一样快乐。

在此基础上，他开始不断给自己强烈的暗示：我可以更健康、更快乐。没想到的是，奇迹诞生了，几个月之后，他的皮肤癌竟然痊愈了。他把一切的功劳归结于潜意识的力量，于是改行研究起这方面内容。后来他写了这本《潜意识的力量》，成为轰动世界的畅销书，改变了很多人的命运。

当然，并不是说疾病能通过意识疗愈，墨菲的经历仅仅是个例，要是真生病了，大家必须听医生的话，通过正规治疗来改善病情。

不过，毋庸置疑的是，良好的情绪和心态对于疾病的疗愈和康复，的确能起到一定的促进作用，所以无论是在中医还是西医里，都有"意疗"（意识疗法）的疗法。

当你被生活所困、遇到困难，或陷入消极情绪时，试着不断给自己一些心理暗示，用一些积极的语言把情绪调整回来。比如：

"我现在没有成功，但我一定会成功的。"
"虽然我遇到了点麻烦事，但我很快就能好起来。"
"我很棒，我一定会走出困境。"
……

除了这些积极的语言，你还可以每天做一两次"60秒自我演讲"练习。这个练习的做法是：用60秒时间，肯定自己今天的出色表现和能力，同时也可以畅想一下你未来的目标。

例如一位年轻的律师是这样鼓励自己的：

"我今天感觉很好，因为我坚持早起做了运动，我感到自己的身体越来越健康，自制力也在变强大。另外，我是一个喜欢与人沟通的人，人人都喜欢和我说话，我才思敏捷，这可不是吹的，我是同行里最年轻的律师。我相信自己会成为全国口才最好的律师，我将会战无不胜！"

是的，多肯定自己，带给自己好的心理暗示，你会有三个显著变化：更自信、更快乐、更有自制力！

接纳自己的不完美，你会更快乐

你接纳自己吗？

这个问题看起来很奇怪，也似乎难以回答，那让我们换个方式问：

你喜欢照镜子吗？照镜子的时候，你是在对自己微笑，还是皱着眉头看着自己的脸？

假如你对镜子里的自己不满意，总是挑剔，甚至拒绝照镜子，那么你多半对自己过于苛责，对自己的接纳度并不高。因为，人对自我的接纳，是从接受自己的容貌和身体特征开始的。我们对外表的不接纳，直接影响了自我认同感。

也许你会说，这有什么不妥吗？我本来就长得不漂亮，要是我长得像杂志封面上的电影明星一样，我也会接纳自己。事情真的是这样吗？"我的腿太短，手臂太粗，身体肥胖，我不喜欢自己的声音，不喜欢自己的动作……"再三向别人说这些话的人，名叫伊丽莎白·泰勒，是一个别人眼中长得近乎完美的女人。

这个社会给我们反馈的一条认知是，假如我们长得像白雪公主或者英俊的王子一样漂亮，就会更容易接纳自己，也更受别人欢迎。但事实并非如此。假如你认为美貌可以给你带来愉悦和更高的自我认同感，那么你一定会失望的。因为这是一个太过脆弱、太不可靠甚至是不正确的自我接纳的结论。

同样，如果你认为自己更有钱、社会地位更高，就会更喜欢自己、更接纳自己，这同样会让你失望。美貌、财富、地位、学识这些东西的确重要，但它们还没有重要到可以驱散你内心深处的自卑，也没有重要到一旦拥有就可以让你完全接纳自我。

因为，持有这种想法的人，其自我接纳的根基本身就是不稳定的，它是建立在与他人的比较之上，依赖于他人的看法，而非基于对自己的客观评价。因此，是否接纳自己，并非由美貌、财富、地位和学识所决定，而是更多地取决于个人如何看待自己，这就意味着仅仅拥有这些并不能实现真正的自我接纳。

真正的接纳，是建立在对自身实际情况的正确认知上。无论你对自己是否满意，你就是你，独一无二、无可替代。

他仿佛是上帝开的一个玩笑。出生时，他的到来吓得父亲逃到了产房外呕吐，母亲也难以接受自己的孩子竟是这样一番模样，以至于在他出生后四个月，才鼓起勇气将他抱入怀中。这是一个没有双腿和双臂的孩子，仅有一个圆柱形的躯干，以及在左侧臀部下方长着的一个带着两个脚趾的小"脚"。这只小"脚"甚至一度被家中的宠物狗误认为是鸡腿，险些被吃掉。

他自然是不幸的，但他又是幸运的，因为父母爱他，慢慢接纳了他。他被取名尼克·胡哲，爸爸妈妈虽然不明白他为什么会遭受如此残酷的命运，但希望他能像正常人一样生活。于是，他们教他游泳、打字，还努力把他送进了普通小学读书。可是，父母不可能始终陪伴在他身边，不出所料，他在学校遭受了嘲笑与欺凌。

"8岁时，我非常消沉，"长大以后的尼克回忆，"我冲妈妈大喊，告诉她我想死。"他也真的这么做了。10岁那年的某一天，他试图把自己溺死在浴缸里，但是没能成功。在生命中这段灰暗的时期，是父母一直鼓励他战胜困难，给他力量和勇气。但尼克始终想不明白自己存在的意义，因此始终不能真的乐观起来。直到13岁那年，有一次他读到一篇关于一位残障人士如何设定目标并成功实现的文章，这让他深受启发，于是，他决定把帮助别人作为自己的人生目标——他相信上帝在他的生命中有个计划，那就是通过他的故事给予他人希望。

在这一目标的驱使下，尼克艰难地学会了很多我们大多数人轻易就可以掌握的技能，如写字、踢球、游泳、滑板，甚至足球和高尔夫球，此外，他还获得了"金融理财和地产"学士学位。

17岁那年，尼克开始做演讲，讲述自己不屈从命运的人生，他给世界各地的人们带去了希望。2005年，23岁的他被授予"澳大利亚年度青年"称号。2012年，30岁那年，他与一位日本女子结婚，并且很快有了自己的孩子。

尼克告诉人们："人生最可悲的并非失去四肢，而是没有生存的希望及目标！人们经常抱怨自己什么也做不好，但如果我们只盯着想拥有或欠缺的东西，而不去珍惜所拥有的，那么问题将永远无法得到解决！**真正能够改变命运的，并不是我们的机遇，而是我们的态度。**"

无论我们拥有的是多还是少，最重要的是我们还拥有宝贵的生命，我们还拥有未来的机会与可能。不是吗？

我知道你一想到自己的不完美，比如你的相貌、工作、家庭、资产……你能找到很多关于你自己的不完美，一想到这些你就会情绪不好，对吗？但请你想想尼克，他从一出生就面对着不完美，你是否觉得自己已经足够幸运了呢？与此同时，你是否也对尼克产生了敬佩之心，并也希望自己能够像他那样成功？

所以，接纳自己的不完美吧，因为你应该明白，那些都是不重要的，对于不能更改的不完美，大可不必放在心上，而对于能够改变的不完美，则可以通过自己的努力去尝试改变，但请记住，不要苛求事事能够完美无瑕。

最后，我再给你一些建议吧。

首先，要对自己表达"爱"，告诉自己你很喜欢自己，你要让自己更快乐；接着，你要写下自己的优点，不要做缺点收藏家，同时也记录下别人对你的赞扬。选择合适的朋友圈很重要，多跟欣赏你的人来往，远离那些喜欢抱怨的人。对自己更宽容一点，即便犯了错误，也不要否定自己，而是从中汲取教训，获得成长。多帮助别人，这样不仅能收到来自别人的正面反馈，也能让你觉得自己更有价值。允许自己偶尔自私、任性一点。别对自己太苛刻了。记住，你值得被爱，有权利对自己更好。

三个步骤，消除心中的烦恼

生活中，总会有一些让人意想不到事情发生。但它们发生了，变成了你的烦恼，影响了你的情绪，让你无法积极地工作和生活。

我们的烦恼通常是因为没有如愿以偿，或者是事情不如我们所想。一般来说，能让我们烦恼的都不是大事，而是一些琐碎的小事，比如，考试成绩不够好、别人不理解自己、又长胖了几斤……这些事情虽然不大，但你会发现它们无所不在。只要当我们的欲望无法得到满足时，就会产生烦恼。

烦恼人人都有，无可避免，所以叔本华会说："把人引向艺术和科学最强烈的原因之一，是逃避日常生活中令人厌恶的粗俗和使人绝望的苦闷。"爱因斯坦和罗素也表达过相似的观点。那么，我们是不是可以反过来推断：为了逃避烦恼，我们是否可以在艺术和科学中寻找慰藉和启发呢？这不是在开玩笑，我是很认真地与你探讨如何消除烦恼的方法。

当然，首先我要澄清一点。烦恼看似没有办法避免，但并不意味着它的存在是理所应当的。哈佛大学的一位心理学家做过一个与烦恼有关的实验，我们可以一起来看。

在一个周日的晚上，他找了一批学生志愿者，请他们将下周7天自己可能会出现的烦恼的事情都写下来，并且署上名字交上来。随后他什么都没说，只是把所有字条都放进一个他称为"烦恼箱"的纸盒子里。

一周过去了，又到了周末的晚上，他重新找来这些志愿者，面对他们打开箱子，和每个人一一核对一周前他们认为这周可能遇到的烦恼。结果发现，大家担心可能会遇到的烦恼，只出现了10%，而另外90%根本没有发生。接着，他又让大家把那真正出现的10%的烦恼重新写下来丢进箱子。

一个月之后，他再次召集了志愿者们。当他们打开箱子查看时，发现那10%的烦恼几乎全都过去了，他们都已经解决了这些烦恼。甚至有些人已经不记得自己曾经有过那些烦恼，他们中的一些人感慨道："我曾经为这个烦恼过吗？"

你自己也可以试试这种做法，然后你会发现，自己是有能力来应对这些烦恼的，而且很多烦恼根本就是我们自己找来的。可是，烦恼从来都不能消除麻烦，它只会让本来不那么顺心的事情更加糟糕。因为我们的情绪就像一个口袋，里面能盛放的东西有限，假如你装进去了烦恼，就没有更多空间留给快乐。

那么，我们该怎样消除烦恼，接纳更多快乐呢？我有一个简单易行的办法介绍给大家，你只要按照这三个步骤做就可以。

首先，要冷静地分析眼前的状况，别让问题搞得自己心慌意乱。就像大多数小疾病都可以自愈一样，很多烦恼会自己减少或者消散。所以，面对烦恼大可不必过于在意，首先让自己平静下来，然后用积极的心态去思考问题。比如，你的成绩是全班最后一名，不必为此烦恼，那意味着从今天起，只要努力，你的学习成绩不会再退步了，只有进步的可能。

其次，让我们思考一下可能发生的最糟糕的结果是什么，并评估自己是否可以承受。有一则征兵启事巧妙地运用了这种思考方式，其内容大致如下："来当兵吧！当兵其实并不可怕。你面临的选择无非两种：上前线或不上前线。若不上前线，自然无须恐惧；若上前线，则又有两种可能：受伤或不受伤。不受伤当然无须担忧；若受伤，则可能是轻伤或重伤。轻伤不足挂齿；重伤则有两种结果：能治好或治不好。能治好自然无碍；若治不好，其实你也无须再恐惧，因为那时你已经不在人世了。"据说这份启事的效果很明显，年轻人轻松消除了恐惧心理，争相入伍。

既然已经确定最坏的结果是可以承受的，那就无须再恐惧了。消除恐惧与担忧，我们才能释放出更多的能量去接受挑战。因此，试着将精力和时间投入到改善处境上，而不是无谓的抱怨上吧。

俄国人契诃夫不仅是一位伟大的文学家，还是一位对人的心理有深刻研究的杰出医生。他曾经写下过这样一段话，让我深受启发："为了持续感受到幸福，我们应该学会这样想：'事情本来有可能更糟糕。'其实，这样的心态并不难培养。比如，如果你口袋里的火柴燃烧了起来，你可以这样想：多亏口袋里装的不是火药。要是有你讨厌的人来访，你不要面露不悦，拒绝欢迎他，相反应该得意地想：还好，幸亏来的不是警察！如果你的手指不小心扎了一根刺，你应该感到庆幸：多亏这根刺没有扎在眼睛里。"

烦恼是否存在，主要取决于你内心的想法，而非外在的现实。因此，走出忧虑和烦恼其实并不难。只要你能够真正做到心境平和，让对目标的执着追求和对生活的热爱充满你的心田，只要你付出了努力，并对自己今天的表现感到满意，你就不用再担心被烦恼所困扰。

第六章

纵身一跃：成为你想成为的人

从你的生活中跳出来

无论你是在读书，还是已经开始工作，无论你是为别人打工，还是自己创业，只要你想成功，想成为你想成为的人，想过上你想过的生活，你都可以通过自己的努力来实现。

你的成就和你的认知、自制力、情商、情绪都有关系，这些因素我们前面讲过，它们会帮助你成功，但是你知道最重要的一个因素是什么吗？不是你的学识，也不是你的智力，而是你必须要拿出勇气，从你目前的生活中跳出来。

为什么要从目前的生活中跳出来呢？因为大多数人的生活都是一种循环，一旦陷入其中，就很难再走出来。我见过太多的人，过着这样的生活，他们每天都在挣扎，几乎年年都一样，从年轻到年迈。

没有什么东西比陷入循环更可怕！如果不加改变我们只能在原地徘徊，看着自己与曾经在同一起点的朋友或同事差距越来越大，最终你只能用"平凡可贵"来安慰自己。

如果你想成为你想成为的人，就必须鼓足勇气，勇敢地纵身一跃，迈向你梦寐以求的未来。在这一点上，史蒂夫·哈维的经历足以证明。

史蒂夫·哈维是一位举世闻名的喜剧演员、电视主持人和励志演说家，但他的成功之路并非一帆风顺，其间充满了各种挑战，而正是这些挑战塑造了他，让他成为无数人的励志榜样。

哈维出生在西弗吉尼亚州的一个矿工家庭，生活条件十分艰苦。年轻时的他充满梦想，却面临现实的重重阻碍。尽管如此，哈维从未放弃对舞台的热爱。他少年辍学，做过邮递员、保险销售员等多种工作，虽然这些工作能让他勉强糊口，但都不是他所热爱的工作。

哈维从小就梦想着上电视，成为一名演员或主持人。有一次，当他把这个梦想说给邻居小孩听的时候，得到的却是嘲笑，因为他从小就有一点结巴。

但无论是这种语言上的障碍，还是贫苦的出身，都没有让哈维放弃自己的梦想。他想成功，想成为电视上受到别人欢迎和追捧的大人物。有一天，他终于鼓起勇气，决定停止浑浑噩噩的打工生活，全身心投入到喜剧表演中。

哈维的喜剧生涯起步艰难。起初，他在小酒吧和俱乐部里表演，收入微薄，生活困苦。曾有段时间，他因为无法负担房租，不得不在汽车里度过漫长的夜晚。然而，这一切艰苦并没有打败哈维，反而激发了他内心更强大的斗志。

正是这种"纵身一跃"的勇气，让哈维的命运发生了转变。在经历了无数失败和挑战后，他的才华终于得到了认可。哈维凭借其独特的幽默感和亲和力，逐渐成为喜剧界的明星。他不仅成了电视节目《家庭争霸赛》的主持人，还创办了自己的电视和广播节目。

哈维的励志故事并不仅仅体现在他的职业成就上，他还将自己的经历和感悟传递给了更多的人。哈维经常在公开演讲中倡导"纵身一跃"的理念，鼓励人们勇敢地追求自己的梦想，即使面对巨大的困难和挑战。

他说："我要与你分享的，是一个关于每个成功人士的秘密。那就是他们都有过一次，甚至多次的'纵身一跃'。你或许觉得难以置信，但这却是事实。因为每一个站在成功之巅的人，都曾经勇敢地迈出了那决定性的一步。迟早有一天，你也需要鼓足勇气，跳出自己的舒适圈。你不能在生活中随波逐流，而是要全力以赴地去尝试真正地活过。若你每次醒来都心怀期待，渴望生活中能有更多的美好和奇遇，那么就请坚信，那些更为精彩的事，正在静静地等待着你的到来。"

今天的史蒂夫·哈维不仅是喜剧和娱乐界的巨星，更是无数人心中的励志导师。他用自己的故事告诉我们：**勇气、坚持和信念是实现梦想的关键。只要敢于纵身一跃，勇敢地追求自己的梦想，我们就能打破束缚，实现自我超越。**

当然，纵身一跃并不是说你要编织一个多么宏伟的梦想立即去实现，也不是说你一定要马上停止你的工作开始创业。我想说的是，纵身一跃更多的是一种精神，帮助自己勇敢地和安逸的、平庸的自己告别的精神，它可以带你摆脱现状，带你到你想去的地方。

没有人比你自己更了解自己的生活。你一定是有所追求的人，渴望能够实现更大价值的人，否则你不会打开这本书，并读到这里。但是你相信吗？你之所以可能还没有太多的令自己满意的进步和成就，和你缺乏足够的勇气有很大的关系。

你可能已经习惯了按部就班的生活，或是说按部就班的生活禁锢了你，让你畏惧风险，害怕失败，变得慵懒，不愿离开你在运转的生活轨道。但你的内心深处又渴望过上你梦想的生活，还时常告诉自己，你生而不凡。

的确如此，**你本应该过上不平庸的人生，而阻碍你的，不是你的过**

往，也不是别人，而恰恰是你自己。

人生如此漫长，又如此短暂，为何不趁你尚有梦想的时候，拿出勇气，克服慵懒，告别畏惧，来一次纵身一跃呢？当你那样去做了之后，你会发现，人生赢一次，其实没有想象的那么难。

如果你想有所争取，必须拿出勇气

没有人不希望自己是一个勇敢的人，因为没有任何人想心甘情愿地做一个胆小的懦夫。可是，我们仅仅是因为不想被认为是懦夫，才想让自己变得勇敢吗？

显然不是，因为勇敢不仅能让你感觉更好，而且还能让你的人生更有意义，这个世界不是一个满足心愿的工厂，你想要什么，必须自己努力去争取。在这个过程中，你需要拿出勇敢，用它来战胜自己的恐惧，克服外界的压力，应对那充满了偶然性的变数，甚至抗衡那些所谓的命运中的捉弄。

每次提到勇敢的时候，我都会想起这个故事。故事的主人公是一个名叫莉丝·莫瑞的女孩，她出生在纽约的贫民窟。和所有小女孩一样，她深爱着自己的父母。但她的父母是彻头彻尾的瘾君子，他们让莉丝身处在艾滋病的阴影下。他们根本无法养活她，只能给她一个充满危险、饥饿、污秽的童年。

在学校里，这个贫穷的女孩受尽了同学的嘲弄，因为她穿着邋遢、衣服破旧，头发里还有虱子。再卑微的女孩也有自尊，她选择了逃课。可是因为一次又一次的逃课，原本就受歧视的她被当作问题儿童被送到女童院待了几年。

15岁时，回到家里的莉丝又被父母轰出了家门，她失去了栖身之所，只能流落街头。为了活下去，她不得不去捡拾垃圾甚至偷东西，她终日在无望的前途与无尽的绝望中苦苦挣扎。晚上没有地方可以住宿，她就通宵乘坐地铁，至少，那里有微弱的灯光和些许的温暖。

然而，让她最恐惧的事情出现了——母亲因为感染艾滋病去世了。少女莉丝彻底陷入了孤独与黑暗中，这个世界上没有人爱她，人人见到她都避之不及。那个光彩和繁华的世界似乎与她再无瓜葛。可是，在最深的绝望里，莉丝却迸发出了惊人的勇气和力量。在泥沼中沉沦下去很容易，但她决心要奋力爬出去，即便这个过程需要无比的勇气和不懈的努力。

尽管对几乎所有的课程都一无所知，也深知会面对很多同学的不屑与白眼，但想要改变自己命运的莉丝还是毅然决定重返高中。回到高中的莉丝依然住在地铁站里。在地铁里的灯光下，她用两年时间完成了四年的高中课程，并且获得了"《纽约时报》一等奖学金"，以优异的成绩进入哈佛大学。

她可能是哈佛历史上最贫穷的女孩了，但也是最勇敢的那一个。因此，拥有阳光般笑容的她获得了"白宫计划榜样奖"，以及脱口秀女王奥普拉·温弗瑞特别颁发的"无所畏惧奖"，并且还受到了前总统克林顿的接见。莉丝用自己的经历告诉我们，勇敢才是成功者的通行证，它能帮你为人生赋予意义，为自我提升价值。

很多人觉得莉丝很可怜，但她却说："**为什么要觉得我可怜，这就是我的生活。我甚至要感谢它，它让我在任何情况下都必须往前走。我没有退路，我只能不停地勇敢向前。**"

或许正如莉丝所说，当我们不得不勇敢的时候，往往意味着遇到了某种让自己变得更好的契机。就像你参加一场重要的升学考试，第一次参加面试，第一次站上演讲的舞台，第一次要独身远行，第一次对心仪的女孩表白……这些可能改变你人生的关键时刻，都需要你拿出勇气。

在这些需要你勇敢的时刻，如果你畏惧了、退缩了、放弃了，你就失去了纵身一跃的机会。而且，你可能会由此产生深深的后悔与自责，并且给自己贴上一些负面的标签，在潜意识里告诉自己"我没有那么勇敢"。

而当你真的做到了勇敢，你便拥有了成功的通行证。我们需要让自己变得勇敢，这不仅仅是因为勇敢是成功者的通行证，更是因为它是追求梦想、脱离平庸生活的关键所在。

如果你想过上梦想的生活，成为你想成为的人，你应该拿出你的勇气，因为只有有勇气的人，才配得上他们所获得的一切。

越让人恐惧的事，越值得挑战

你，我，和所有人一样，都有着各种各样的恐惧。我们害怕痛苦，害怕变老，害怕死亡，害怕失败，害怕犯错，害怕陌生人，害怕陷入无助的境地，害怕被抢劫，害怕破产，害怕股市暴跌，害怕爱人变心，害怕被人冷落，害怕老鼠，害怕蛇，害怕血腥，害怕地震和飓风……种种让我们恐惧的事物，简直不胜枚举。

看起来，我们似乎每天都生活在无穷无尽的恐惧中，人生似乎充满了绝望，但你需要为此害怕活着吗？没有必要。恐惧是再正常不过的事情，这似乎是人类永恒的难题。但想要理解我们的生命，就必须理解恐惧。

但有趣的是，所有的"恐惧"，都有一个风向标——向我们指出了你应该努力的方向。因为只有战胜了恐惧，你的生命才得以绽放更绚丽的光彩，心灵才能获得真正的宁静与平和。所以，很多成功的人都明白一个道理，越是害怕的事情，越值得去做。

我曾经遇到过一位女性外科医生，她医术高明，是所在领域里的权威专家。在我的认知里，外科医生都是男的，因为男性不仅在体力上有优势，而且相对女性更为勇敢一些。所以我很好奇地问她，你每天做手术都不畏惧，是不是天生就属于胆子大的人？

她告诉我，自己从小患有非常严重的密集恐惧症，连鹅卵石小路都不敢走，看到珍珠鸡、蚁群，就觉得头晕恶心、头皮发麻，甚至还会吓得晕倒。但是，长大之后，她决定挑战自己的恐惧，让自己的人生不要因此受影响。

于是，在大学时，她选择了医学专业，因为她知道这个专业有很多基础课程的学习都离不开显微镜。然而，对于密集恐惧症患者来说，使用显微镜观察细微之物往往会成为疾病发作的诱因。因此，在入学后的很长一段时间里，每次需要在显微镜下观察样本，特别是那些血液和肿瘤切片时，她都会面临巨大的挑战。但她开心地说："我会努力转移注意力，几乎用尽我所有的意志力去坚持。每次做完实验，我都会满身虚汗，但最终还是成功地做到了。"

就这样，她现在已经成功治愈了密集恐惧症，更重要的是，她成功克服了自己的这一恐惧。在这个过程中，她更深刻地明白了这个道理：面对恐惧，首先要认识到其根源往往在于自己，然后勇敢地面对它，战胜它。一旦你战胜了自己一直最恐惧的事情，就会发现，其他那些曾经让你害怕的恐惧，其实都不再那么可怕了。因为，我们内心最大的恐惧，往往是对恐惧本身的恐惧。

我相信她所说的道理，因此，当我们克服了某一件让自己特别恐惧的事之后，最大的收获，是战胜了恐惧这种心理状态。当心理恐惧被战胜，我们也就不会害怕面对事情本身的恐惧了。

社会心理学家马斯洛在谈到"安全与自我关系"这一问题时，曾经描述过这样一个现象：**婴幼儿特别喜欢滑下母亲的膝头，展开对这个世界的大冒险。**但是，他们的大冒险必须有一个安全前提：在母亲的视线所及范围之内。假如母亲不见了，不管他们多么调皮，也会停止对世界的探索，开始陷入焦虑与恐惧，只希望回到安全区域，也就是母亲的怀抱里来。

心理学家认为，追根溯源，我们的恐惧源于和母亲分离，进入一个陌生而未知的环境中。因此，陌生和未知的恐惧，贯穿我们生命的始终，成为基本的恐惧。我们带着与生俱来的不安全感，开始一点一点地探索身边的环境，让陌生变成熟悉，让未知变成已知，在希望与恐惧的交替中成长。

所以，我们的人生，本身就是一场谨慎的冒险，因为它充满了未知，而所有未知的事情都有可能让我们恐惧。可是，未知一方面让人恐惧，另一方面也充满了魅力，不是吗？

这一生，我们一直在做的事，就是让世界在自己面前展现得越来越大，让自己的天空越来越广阔。而我们成长的路，正是一段把陌生变熟悉、把恐惧变安全的旅程。而正是恐惧和害怕，让人生充满惊喜刺激，让成功充满喜悦。

而恐惧本身，其实对你没有任何危害。它仅仅是对未来的一种消极情绪反应，是你对未来可能出现的某种艰难处境的想象。这种反应，原本是一种本能的自我保护，可以让你始终处在安全的状态，防止你进行可能伤害到自己的冒险，我们也的确需要适度的谨慎。只是，这种自我保护，既可能阻止了你进行危险的尝试，也有可能阻碍了你获得有利于你成长和变化的机会。我们需要去挑战的，是后面一种恐惧。

你在恐惧什么？不管是害怕蛇，还是在众人面前演讲，不管是恐高，还是尝试学习一种新的技能，这都无须过分担忧。只要你愿意克服这些恐惧，就一定可以做到。

承受力强大，困难就变得渺小

"我一直都在寻找那些拥有无限承受能力，并相信没有什么是做不到的人。"福特汽车的创始人亨利·福特为什么这么说？因为只有这样的人，才能在成功的路上战胜挫折，成就一番事业。

勇敢的人当然也会遭遇失败，勇敢的人也并非事事顺利，但是只有不灰心、不丧气，勇于不断尝试的人才能获得成功。因为做得越多，成功的可能也就越大。

在成长过程中，很多人会说，我已经尝试过了，但是很不幸我失败了，那种滋味可真不好受。于是这些人选择了好过的方式：他们接受了现状，不再努力尝试，把机会拱手让给别人。

大家要记住一点，人都有一个共同的特点，这个特点就是：追求快乐，逃避痛苦。那些让你感到痛苦的事情，别人遇到也会有同样的感受，但是谁的承受力更强一些，坚持更久一些，付出更多一些，谁就有可能胜出，得到自己想要的结果。

你一定害怕被别人拒绝吧？那种滋味儿的确不好受，但是有个人曾被拒绝超过1000次，你觉得这个人的承受力怎么样？

这个人就是哈兰德·桑德斯。20世纪40年代初，65岁的桑德斯陷入了沉思，他靠着每月微薄的99美元社保金生活，住在肯塔基州的一间小破屋里，他那辆破旧的汽车见证了他经历的艰难岁月。

在宁静的家中，桑德斯经常反思自己没有什么成就的一生，但他并不愿就这样步入晚年，他深知不该只是静待岁月的流逝。一直以来，桑德斯都非常热爱烹饪，尤其是他独创了一种特制的炸鸡配方。有一天，一个念头突然在他的脑海中闪现：或许，炸鸡能成为我开启新生活的钥匙。

但是对于一个退了休的老人来说，想要开创一番事业谈何容易。直到一天晚上，他坐在老旧的木桌前，下定了决心：现在或永不，哈兰德，让我们把岁月变得有意义吧。第二天，他收拾好行李，带着炸鸡配方，带着希望和对未来的不确定离开了肯塔基。

对于一位65岁的老人来说，旅程非常艰难。他四处奔波，向餐馆老板推销自己的配方。他眼中闪烁着希望的光芒，但却屡屡遭到拒绝。每一个"不"都如同一记重锤，狠狠地砸在他的心上，但他总是礼貌地点头微笑，然后默默离开。

在俄亥俄州的一家小餐馆，疲惫的桑德斯再次尝试推销。"先生，我的配方可以让你的餐馆成为当地的'明星'。"他的声音带着一丝绝望的颤抖。餐馆老板是个身材粗壮的人，他带着怀疑的目光，笑着回答："老头，我们有自己的炸鸡配方。为什么需要你的？"

桑德斯再次感受到了拒绝的痛苦，但他依旧礼貌地感谢了老板，然后转身离开。坐在自己那辆破旧的车里，他感到了前所未有的绝望。"1009次拒绝。"他喃喃自语，失败的沉重感如巨石压在心头。然而，当他在后视镜中看到自己时，他再一次鼓起勇气。"不，"他坚定地说，"我不会放弃。现在还不是时候。"

终于，在弗吉尼亚州，第1010家餐馆，他的坚持得到了回报。餐馆

你的人生赢过吗？哪怕只有一次

老板被桑德斯的决心和故事打动，同意尝试他的配方。桑德斯紧张地炸着鸡，双手不停地在围裙上擦拭着汗水。老板品尝了一口，眼睛顿时瞪得溜圆，"这……太棒了！"他感叹道。

桑德斯脸上绽放出真挚的微笑，这是他期待已久的认可。"谢谢你，先生。我知道会有人看到它的独特之处。"他如释重负地说道。

桑德斯制作的美味炸鸡迅速赢得了广泛赞誉，越来越多的餐馆开始希望得到他的炸鸡配方。随着每一次新的合作开始，他的梦想也逐渐变成现实，他也从一个在生活中挣扎的退休老人转变成了成功的商人。正是他，开创了风靡全球的肯德基炸鸡。

在他那间摆满了自己成功新闻剪报的小屋里，桑德斯回顾着自己创业的旅程，他感慨万千地说道："这是一段漫长的路程，但每一英里，每一个'不'，都是值得的。"

1935年，哈兰德·桑德斯被肯塔基州州长鲁比·拉夫恩授予名誉上校的头衔，所以后来人们都亲切地称呼他为"桑德斯上校"。

其实，像"桑德斯上校"所经历的那样，并非成功者的运气比你就好很多。他们同样会遭受打击，但是他们比常人更具承受力。你肯定知道，爱迪生做试验时动辄就要面对上千次的失败，但他还会一边面对失败的沮丧，一边投入更大的精力重新再来。成功者就是这么做的。

著名画家米勒刚刚从偏僻的农村来到繁华的巴黎时，还只是个一文不名的穷小子。为了赚钱吃饭，他只能画当时最畅销的裸体画。一天晚上，他孤独地在巴黎街头踯躅，看到明亮的橱窗中陈列着自己的画，这时他听到了两个年轻人的议论："瞧，又是米勒画的。他除了裸体女人，什么也画不出来。"米勒回到家中，痛苦地对妻子说："我决定以后不再画裸体画了。虽然这样生活会变得更苦，但我已经厌倦了巴黎，我要回到农村，回到我朋友们的身边。"于是，米勒很快移居到了巴黎附近的乡下。

在那里，他用自己烧的木炭画素描，靠朋友们的救济过着他一生中最艰苦的日子。他那些淳朴的画，常常受到巴黎那些"高雅"的文人学士的诋毁和攻击。但是这一次，他不为所动，因为和以前不一样，这样做他遵从了自己的内心。米勒没有动摇，始终坚持以农民题材作画。终于，他画出了像《播种》《拾穗者》《扶锄的人》等在世界美术史上占据一席之地的经典作品。

在拳击运动中，如果你的左眼被打伤睁不开了，右眼还得坚持睁大，这样才能及时发现对手的破绽，找到有机会还击。如果你把右眼也闭上，那么不但右眼要挨拳，恐怕全身其他部位也难保！人生同样如此。

你的人生赢过吗？哪怕只有一次

倘若你的人生总是陷入"屡战屡败"的漩涡，那么，请你务必坚守住内心那份承受挫折的韧性，不要让自己在挫败中沉沦，不要失去再次振作的勇气，不要轻易地自己打败自己。你所需要的，是不断锤炼和提升自己面对困境的承受能力，同时激发那份"屡败屡战"的坚韧不拔的勇气。有了这种承受力和勇气，你才能成为真正掌控自己命运的人，你的格局才会更宽广，未来也会更光明。

如果你遇到了失败怎么办？

当我鼓励我的朋友们要勇于纵身一跃时，很多人的反应是：如果失败了怎么办？

的确，我们的每一次选择，每一次行动，都有可能带来两个截然相反的结果：成功或失败。而且，越是有难度、有挑战的事情，越容易遭受失败。

当然，很多人也经常提及"失败是成功之母"这样的格言。不过，对于"失败是成功之母"这句话，我不以为然。你可以想一想，这个世界上到处都有失败的人，可是成功者又有几个？全世界的每个角落，随时随地都有失败在上演，可是成功呢？从数量上来看，成功要远远少于失败。

我们不能简单地认为每一次失败过后就能孕育出成功。若真如此，那么这个世界上遭受过失败的人应该都能再次努力就获得成功了。成功不是单一因素所致，而是多种因素共同作用的结果，只有天时、地利、人和完美结合，才有可能获得成功。

但在通往人生成功的道路上，你要知道，失败是有意义的，而且意义重大，它是促成一个人成功的因素之一。你应该如何理解呢？

这是因为，即使你做足了各种准备，拿出了足够多的勇气，像第一次做饭那样小心翼翼，但你可能依然会失败。或是因为你太年轻而缺乏经验，或是因为商业环境发生了意想不到的变化，抑或是你在细节上没有把握好，导致你失败，但这都没有关系。因为失败本身就是一件家常便饭的事，失败的"成功率"要比成功高出很多。

你要明白的是，失败并不是告诉你，你不行。虽然有一些时候，你的确从一开始就错了，比如，入职一家没有前景的公司，选择了一个根本不能发挥你特长的创业项目。但如果你的出发点和愿景没有错，失败会带给你两个重要的意义，一是提醒你需要改进你自己，二是考验你的承受力。

首先我来说一下改进自己。很多时候，导致你失败的原因不是外部的问题，而恰恰是你自己的问题，如果你意识到了这一点，持续改进，你就有可能战胜困难。

我们都知道科比·布莱恩特是继乔丹之后最伟大的NBA球员之一，他从小也是把成为职业球员当作自己的梦想。科比拥有很好的天赋，身高也有优势，但在高中时，他却总是打不好比赛，赛场上经常出现空投（篮球没有碰到篮筐）的情况，这让他饱受批评，甚至有人告诉他应该放弃成为职业球员的梦想。

在那段时间里，科比被队友排挤，被教练忽视，他感觉自己离进入NBA的梦想越来越遥远。但是科比并没有气馁，也没有因为别人的建议而转换赛道，而是开始反思，为什么自己总是出现空投呢？

科比找到了答案，他说："回想那些投篮，虽然它们的方向都没有问题，但是每一个都没投够距离，总是偏短。这让我意识到，我需要变得更加强壮，并且需要改变我的训练方式。我开始规划一套力量训练计划，这套计划必须随时进行调整，可以灵活应对常规赛季的82场比赛，确保季后赛到来时，我的身体力量足够强大，这样投篮才能更准确。进一步冷静地分析这个问题，我得出的结论是：之所以会出现空投，是因为我缺乏足够的腿部力量。"

科比找到了自己的短板后，他改变了训练计划，让自己的核心力量得到了提高，投篮的得分率也得到了大幅提升。在接下来的赛季，科比表现出众，赢得了所有人的认可。1996年，他从高中直接进入NBA，成为一名职业篮球运动员，终于实现了他的梦想，并在之后20年的职业生涯中，带领球队获得了5次总冠军。

就像科比一样，在追求成功的道路上，人人都有可能遇到暂时性的失败，但不要因此轻易放弃自己的追求，应该静下心来想一想问题出在了哪里？要如何改进？当你找到答案，并付诸正确的行动后，等待你的或许就是成功。

如果你经过仔细分析，发现失败并不是因为自己的原因，你的方向也没有出错，这个时候，你就需要考虑，是不是应该多一些承受力，再给自己一些时间坚持下去，或许你就能看到成功的曙光。

就像我在上一小节里给你讲的"桑德斯上校"的故事，他经历了1009次失败的推销，直到第1010次，才终于成功了，这样的承受力和意志力，你可以做到吗？

如果成功的道路是一句话，那么失败只是其中的一个逗号或几个逗号。如果你不把失败当成句号，那就还不是真正的失败，而只是遇到了

暂时的挫折，只要你坚定地继续前行，终究会走上正确的道路。

当然，让失败变为成功之母的前提是，你战胜了失败。

如果你是一个品尝过失败滋味并且仍矢志不渝、在成功路上不懈跋涉的人，那么我相信，你一定能从这段经历中咀嚼出滋味，并在自我激励中培养出了坚韧的品质，同时，也离成功更近了一步。

做一个"为自己鼓掌"的人

一位成功的企业家，在某次大学演讲中，向大学生们分享了自己的经历。他坦言，自己的成功之源可以追溯到少年时期的一次学校晚会。

那并非一场盛大的演出，只是学校为庆祝元旦而组织的一次晚会。然而，对于十多岁的孩子来说，这却是一件大事，他们都认真准备着自己的节目，经过长时间的排练，只盼能在那个夜晚，尽情展示自己的才艺。晚会上，节目一个接一个地精彩呈现，台下的掌声一次次从观众席中涌起，如潮水般连绵不绝。终于，轮到他上场了，但此时，他的双脚却不由自主地颤抖起来，掌心也渗出了虚汗。尽管如此，他还是鼓起勇气，一步步向那个既令他渴望已久，又让他此刻感到胆怯的舞台走去。

站在璀璨的灯光下，成为众人瞩目的焦点，正是大显身手的好时机，可是，他却忘了词，发不出一丁点儿声音。就这样，他呆呆地站在舞台上，不知过了多久。台下的观众开始骚动不安，有人甚至喝起了倒彩，刺耳的议论声无情地穿透了他的耳膜。他的脑子一片空白，眼泪不争气地流了下来。他再没有勇气站在这个灯火通明的舞台上，转身奔回了后台。

　　回到后台，那些等待表演的同学们，有的用同情的眼光看着他，有的低头窃窃细语。不只舞台，连后台，他也待不下去了。跑出校园，他漫无目标地走在街上，路人行色匆匆，仿佛没人注意到他的存在，而他也不知道自己还能干些什么。他开始怀疑自己，连一场小小的演出都如此怯场，自己这辈子还能有什么出息呢？年少的他，此刻陷入深深的痛苦和绝望中。

　　在外面徘徊了很久，他带着红肿的双眼和疲惫的身体回了家。当他推开房门的那一刻，父亲望向他，一脸心疼。当然，父亲明白是怎么回事，他在现场目睹了自己难堪的那一幕。

　　然而，父亲并没有责怪他，只是递给他一条温热的毛巾，轻声地说："擦擦脸吧，外面天气冷，别着凉了。"

　　听到这样一句不相干的话，他那伪装出来的倔强再也撑不住了，心

　　　　　你的人生赢过吗？哪怕只有一次

中所有的委屈都涌上了心口，泪水再次模糊了双眼。他还那么小，只是一个十多岁的男孩，他边哭边说："爸，我搞砸了自己的演出，别人都得到鼓掌，却没有人为我鼓掌，我是不是很没用？"

父亲温和地问："孩子，那你努力过吗？"

"我已经非常努力地排练了，但是站在台上大家都看着我，一紧张，面对台下的观众，我一个字都想不起来了。"

"孩子，这是你第一次登上舞台，经历并不完美，但你将收获比完美的演出更宝贵的东西。现在，让我来告诉你，在以后的人生中，无论做什么事情，只要你用心了，努力了，不管结局如何，就算没有人为你鼓掌，你也要为自己鼓掌，因为你尽心尽力了。别哭孩子，今天在上台前你一定很紧张，但是你没有逃避，而是登上了舞台，这就值得爸爸为你鼓掌，值得你为自己鼓掌。"

说着，父亲轻轻地鼓起掌来，并且用眼神示意他。他擦干眼泪，也伸出双手为自己鼓掌。是的，虽然自己没有秀出优美的歌喉，但有勇气站在自己梦想的舞台上，并为之努力过，就是一个勇敢的孩子。想到这里他心中的阴霾突然间消散了。

很多年过去了，当年舞台上的那一幕早已被人遗忘，除了他自己。

因为从那天起，他从未停止过为自己鼓掌。无论是得意之时还是失意之际，只要尽心努力过，不管结局如何，他都会为自己鼓掌，并且满怀地期待着下一次的"演出"。

就像故事中父亲说的那样，为自己鼓掌不一定需要一场完美的演出。或许你正处于人生中比较黑暗的日子里，感觉前路漫漫，无比彷徨，但如果你总这想，挫败感就会牢牢控制着你，让你在自怨自艾中度过一个又一个的日子，渐渐你将丧失对生活的热情。

人生就像是一个舞台，在你疲惫不堪，或是表现得不尽如人意的时候，如果你能为自己鼓掌加油，以此激励自己，多给自己一些肯定，你的心情或许就没有那么糟糕了，这样会重燃你生活的热情，帮你更快地走出困境。

在国外，有家报纸曾举办过一次有奖征答，问题是："在这个世界上谁最快乐？"从数以万计的答案中评选出的四个最佳答案是：完成作品，吹着口哨自我欣赏的艺术家；正在筑沙堡的儿童；忙碌了一天回家，为婴儿洗澡的妈妈；谨慎小心地开刀，最终挽救了危急患者生命的医生。你看出来这四类人有什么共同点吗？总结后你会发现，充满热情地工作着的人是最快乐的，或者说是，欣赏自己工作成就的人是最快乐的。

如果没有人欣赏，或者没有人有时间顾及欣赏你的工作成就，那么你要告诉自己：这些都不重要，重要的是自己欣赏自己。就像在家为婴儿洗澡的妈妈，没有旁人赞美她的辛劳，可是她自己充满了热情，充满了快乐，这就够了。

当然，为自己鼓掌，并不意味着我们应该沾沾自喜，满足于浅尝辄止的成绩，更不是要表现出目空一切，盛气凌人，这些是自卑自负、情商不高的体现。

为自己鼓掌的精髓在于：得意的时候，给自己一点清脆的提醒，如同敲响警钟；失意的时候，给自己一点响亮的鼓励，激发出自己丧失的热情。它能够让你在得意时多一分冷静、失意时少一分失落，时刻都保持对未来的美好憧憬。如果能够理解这一点，那么你现在就可以为自己鼓掌。